INVENTAIRE
26,910

ÉTUDES

D'HISTOIRE NATURELLE,

OU

ESSAI SUR L'INSTINCT DES PLANTES ET DES ANIMAUX.

—

Les minéraux croissent; les végétaux croissent et vivent; les animaux croissent, vivent et sentent.

LINNÉ.

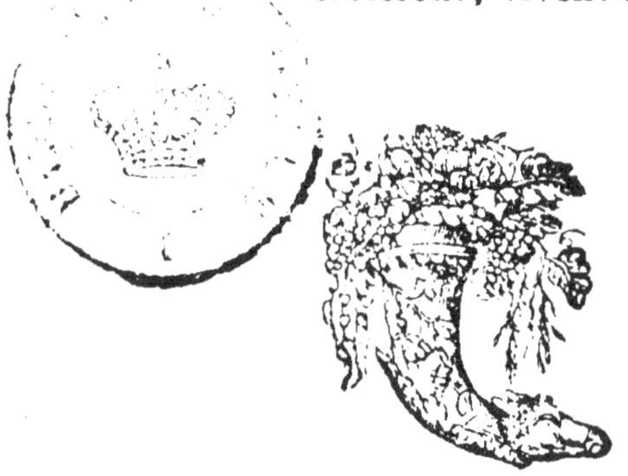

A LYON,

CHEZ GIRARD ET GUYET,

LIBRAIRES-ÉDITEURS, PLACE BELLECOUR, 21.

A PARIS,

CHEZ JACQUES LECOFFRE ET Cie,

RU DU POT-DE-FER-St-SULPICE, 8.

1847.

PROPRIÉTÉ.

ÉTUDES

D'HISTOIRE NATURELLE,

OU

ESSAI SUR L'INSTINCT DES PLANTES

ET DES ANIMAUX.

Les minéraux croissent ; les végétaux
croissent et vivent ; les animaux
croissent, vivent et sentent.

LINNÉ.

Dans ces études, nous traiterons successivement :

1° *De l'instinct des plantes ;*
2° *De l'instinct des insectes, des reptiles et des poissons ;*
3° *De l'instinct des oiseaux ;*
4° *De l'instinct des quadrupèdes ;*
5° *Un mot sur l'homme.*

PREMIÈRE PARTIE.

INSTINCT DES PLANTES.

I. — COUP-D'OEIL GÉNÉRAL.

Le degré d'intelligence que nous remarquons dans les animaux est simplement appelé par quelques naturalistes, faculté de se mouvoir ou de se conduire. Des gens qui se piquent d'être observateurs, bornent extrêmement cette faculté qui, pour eux, est toujours la même, sans admettre jamais que l'animal puisse faire autre chose que d'obéir passivement et impérieusement aux lois de son organisation. Ils ne laissent pas même pressentir que cet instinct soit susceptible de perfectibilité ! Ce sont là de graves erreurs, qui tombent au moindre examen. Il semble, à certains esprits moroses, que l'homme est ravalé, parce que la bête est intelligente, ou parce qu'on lui suppose aussi une âme pour aimer et sentir (1)! Comme si toute la création n'émanait pas du même Auteur, et comme si tout ce qui reçut le jour de sa puissante main ne méritait pas les profonds respects et l'admiration passionnée de l'homme! comme s'il y avait rien d'imparfait dans tout ce qui nous entoure! Non, depuis que les métaphysiciens discutent sur la grandeur de Dieu et sur la perfection de la nature, on n'a pu la trouver en défaut une seule fois, et si quelque objet créé semble, au premier aperçu, défavorablement organisé ou pauvrement doté dans ses formes extérieures ou vitales, pour être certain, dans ce cas, d'arriver à une explication satisfaisante de son organisation, il faut, non pas constater

(1) Les métaphysiciens ayant traité de l'*âme* des bêtes, nous avons dû nous servir de cette expression pour désigner le principe vital qui les dirige. En admettant cette faculté, à l'instar de l'âme humaine, nous sommes loin de tenter de les assimiler en rien. Nous aurons, en traitant la quatrième partie, l'occasion de nous étendre davantage.

un manquement de la nature, mais bien rechercher la cause d'un tel fait, cause que l'on trouve toujours raisonnablement expliquée.

Ainsi, dans les mollusques (1), dans les infusoires (2) et les zoophytes (3), quel singulier tableau n'avons-nous pas sous les yeux ! Des êtres vivant et se reproduisant avec la rapidité de l'éclair, ayant tout à la fois des parties constitutives de la plante et de l'animal, puis finissant, par des milliards de mirmidons, à former ces bancs énormes de corail, qui obstruent les ports de mer ou qui composent ces écueils redoutables contre lesquels vont heurter nos vaisseaux.

(1) Animaux sans vertèbres, comme les limaces, etc.

(2) Etres microscopiques, qui vivent par milliers dans une goutte d'eau croupie.

(3) Zoophyte ou *animal-plante*, comme les coraux, les madrépores. Au reste le règne végétal touche de si près le règne animal, que la nouvelle classification ne reconnaît que deux ordres de corps créés, lesquels composent le règne *inorganique*, où sont rangés les *minéraux*, et le règne *organique*, où sont classés les végétaux et les animaux.

Avant que l'on eût étudié l'enchaînement des êtres créés, on pouvait penser que des lacunes immenses existaient dans la nature; mais aujourd'hui que tant d'utiles découvertes, dues aux labeurs de la science, sont venues nous révéler ses plus grands mystères, il n'est plus permis de se refuser à reconnaître que tout se tient et se lie, depuis la base de l'échelle jusqu'au sommet; seulement chacun y occupe la place pour laquelle il est fait, et dont il ne saurait sortir. Là, dans les limites qui lui sont assignées par la Providence, il croît et se développe, vit et meurt, suivant le précepte divin: *Croissez et multipliez.*

A mesure qu'on remonte l'échelle dont l'homme occupe le sommet, on voit que chaque genre qui se rapproche de lui nous présente aussi une organisation plus parfaite et plus susceptible d'acquérir chaque jour un certain développement. Mais sans regarder ce degré de perfectibilité comme borné indéfiniment, il faut nécessairement, et l'expérience le prouve, admettre que diverses espèces ne sont pas complètement stationnaires, et qu'il leur est donné de se développer, jusqu'à un certain point, au contact civilisateur de l'homme. Ici, je dois dire que mon but n'est pas de soutenir que l'instinct des animaux se développe journellement et de plus en plus, et qu'il ne sait où s'arrêter, ce serait une absurdité sans nom et que les faits réprouvent; je veux seulement établir que l'animal *acquiert*, par l'exercice de la vie, par les situations diverses et accidentelles dans lesquelles il se trouve, et que la transmission de ces facultés *acquises* s'opère de génération en génération. On comprend que je veux faire allusion au chien, et je le dis dès l'abord, afin qu'on ne soit pas tenté de me prêter des suppositions déraisonnables; il est reconnu que les portées d'une chienne de chasse s'améliorent par la surveillance de l'homme, et que les petits sont encore plus parfaits que leur mère.

Je reconnais ensuite que tout en admettant cette faculté de se développer, l'animal a toujours une limite qu'il ne saurait franchir, et que la nature lui a dit : *Tu n'iras pas plus loin!* Mais comme elle lui a donné en même temps un instinct de conservation, elle a voulu aussi que ce même instinct pût s'accroître avec les ennemis qui l'entourent, et qu'il lui servît à trouver sa vie à travers les dangers ou dans les contacts qu'il est appelé à braver. Ainsi, par exemple, il est bien reconnu que le renard qui vit dans le voisinage de l'homme et des chiens de basse-cour, sait parfaitement façonner ses ruses et son adresse pour arriver à ses fins, nonobstant ces obstacles. Nous le démontrerons en son lieu par des exemples.

L'habitude de la vie chez l'animal, et l'exercice des fonctions de celle-ci, lui donnent un perfectionnement qui augmente avec l'âge. L'enfance de l'animal est comme celle de l'homme, entourée d'écueils, que chacun franchit avec l'instinct qu'il possède. Le petit être est doué d'une prudence et d'une défiance continuelles; il sent et se guide avec le nez; il sonde le terrain avec

1*

la patte, et ne s'aventure pas au hasard; son éducation se fait par l'exemple, et, confiant dans ses père et mère, il les suit et les imite peu à peu; bientôt il procède tout seul.

L'animal *raisonne, compare* et *juge*, dans des limites moins étendues que l'homme, mais tout aussi bien que lui. Que pensez-vous de ce chien qui cherche son maître, suivant sa trace au nez, et qui, arrivant à la croisée d'une route divisée par trois chemins, parcourt un instant ceux de droite et de gauche, en flairant rapidement, puis, après s'être assuré qu'il n'avait point passé par là, sans mettre le nez à terre, s'élance dans le chemin du milieu, certain que son maître l'a suivi, et il se le dit rapidement par la pensée, ne sentant pas ses traces ailleurs, et c'était vrai. Ne voit-on pas ici un être qui juge et compare, et qui a tiré une conclusion tout comme un philosophe bâtissant un syllogisme. Parmi les trois choses que Montesquieu regardait comme impossibles, se trouve le *pur méca-*

nisme des bêtes (1). Ce parfait observateur ne pouvait admettre la matière animée comme étant aussi bornée, et il a eu raison.

C'est donc contre la négation de facultés intellectuelles susceptibles d'extension que je m'élève dans la thèse que je soutiens. Ce système, au moins dans son entier, n'est pas applicable aux plantes, et pourtant elles ont aussi des lois qu'elles suivent à leur tour ; elles sont encore douées de propensions admirables pour se conserver ou se propager : ces facultés, nous les appellerons également *instincts*, afin d'être mieux compris. Les minéraux sont au bas de l'échelle, nous n'en parlerons pas ; les plantes viennent après, c'est d'elles que nous allons nous occuper. Puis nous remonterons de degrés en degrés jusqu'à l'homme, démontrant, au passage, ce que nous aurons remarqué d'important à chacun de ces intervalles.

Je l'ai dit, les végétaux aussi ont une

(1) *Pensées diverses.*

tendance prononcée à choisir et chercher ce qui leur convient, de même qu'à fuir ce qui leur est nuisible. Ce serait là du discernement, à coup sûr, et l'on pourrait se récrier, dès l'abord, de me voir l'admettre; mais qu'on se rassure : si le mot effraie, je puis l'adoucir, et je dirai alors que ce discernement est bien différent du nôtre. Notre langue est si pauvre, qu'il faut employer les locutions qui, tout en exagérant la pensée, la rendent clairement.

II. — LIEUX PARTICULIERS CHOISIS PAR LES PLANTES.

Voyons ce qui se passe autour de nous. Celui qui observe a maintes fois remarqué qu'une plante ne se perpétuera avantageusement que là où le sol sera le mieux approprié à sa nature : l'une veut du soleil, à l'autre il faut de l'ombre ; celle-ci préfère un lieu sec, celle-là choisit un sol humide ; telle autre, aux molécules spongieuses, plongera ses racines au fond des eaux, tandis que celle-ci, plus aérienne, se contentera de croître à la surface, occupant par là un milieu positif entre la terre et le ciel.

Ainsi, nous trouvons les sommets arides des montagnes couverts de plantes alpines, qui bravent le froid et le chaud, végétant faiblement dans un sol infertile; et cependant plusieurs d'entre elles ne pourraient subsister ailleurs. Ainsi, apportez dans vos jardins plusieurs de ces végétaux, quelques-uns prospèreront mieux, mais il y en a qui périront aussitôt. L'*orchis* et l'*ophris* des montagnes ne sauraient vivre dans nos plaines, leur organisation s'y refuse; il leur faut de l'air vif et un site sauvage; et tandis que l'*astrancia major*, la *centaurea montana*, qui croissent à leurs côtés, embellissent nos jardins, s'accommodant outre mesure des sucs nourriciers qu'elles y trouvent, l'*orchis* et l'*ophris* s'y fondent et ne reparaissent plus.

S'il est des plantes qui s'embellissent dans nos cultures, il en est qui ne peuvent y profiter; le *houx-frélon* est de cette nature (1); d'autres y meurent promptement. Le *faux basilic*, la *potentille*, la *sabline*, l'*œillet*, ne se trouvent que dans les lieux secs et montueux. Ainsi, le Mont-du-Chat étale avec orgueil ses plantes spéciales, parmi lesquelles nous avons récolté nous-même plusieurs *aspidium*, le *setaceum*, le *calcarium* et le *fragile*; plusieurs *campanules* et *saxifrages* curieux. Les Alpes, à leur tour, se couvrent de verdure et de fleurs appropriées à leur rude atmosphère : l'*érine*, l'*euphraise*, le *panicaut*, dits des Alpes, nous étonnent par leur belle venue. Il y en a d'autres constituées pour fuir la chaleur, parmi lesquelles on distingue l'*utchinsia, rotundi folia*, l'*œillet des glaciers, dianthus glacialis*, croissant aux pieds des neiges éternelles, et fleurissant chaque année au bord des glaciers, plongées dans une fraîcheur et une humidité constantes.

(1) Cette plante ne se trouve que dans les montagnes ; j'en ai rencontré deux en Bresse, dans un bois de Perrex ; mais c'est là une exception.

Puis des lieux secs, élevés et froids d'ou nous sortons, si nous descendons dans la plaine, nous remarquons à une autre extrémité, le *nénuphar*, la *persicaire*, la *mâcre*, les *laiches*, plongeant au fond des eaux, où le trop rare *vallisneria spiralis* se pose comme le roi des plantes aquatiques. Ce n'est pas par son volume et par la beauté de ses fleurs qu'il occupe ce rang, mais par l'étonnant spectacle qu'offre l'accomplissement de sa fécondation. D'autres végétaux vivent à la surface des eaux ; la *lenticule* en tapisse le miroir d'une verdure tendre et uniforme, offrant à l'œil l'aspect d'une prairie artificielle qui repose la vue (1). Mais là ne se

(1) Cette charmante petite plante devrait être plus utilisée ; elle croit dans les eaux tranquilles, lors même qu'elles sont chargées d'élémens putrides. Je l'ai transportée dans des lieux où elle est inconnue ; je l'ai ainsi naturalisée dans des fossés et sur des mares environnant ma maison ; elle intercepte les miasmes qui s'échappent de ces eaux, et sa jolie verdure cache ce qu'elles ont de triste et de repoussant. Elle se propage très-vite, et quand elle gêne il est

borne pas sa destination , sans doute : cette plante en miniature qui jouit, comme tous les êtres infimes de la création , du privilége de pulluler rapidement, a pour but, sans doute, d'intercepter les rayons solaires, pour faciliter la vie à d'autres plantes submergées, ou pour seconder la reproduction de certains reptiles, des poissons et insectes d'eau. Du reste, nous n'apercevrions pas le but de la nature dans cette circonstance, que nous devrions encore lui supposer des vues certaines et une destination utile.

Plusieurs insectes qui vivent au fond des eaux , évitent celles qui sont trop claires et où rien ne les abrite, pour rechercher celles au contraire où croissent les plantes marécageuses. Il leur faut de l'ombre, il leur

bien facile de l'enlever. Sa végétation est très-curieuse ; quoiqu'elle ait des *sporules* , ou organes de fructification , dans le genre de ceux des *fougères,* des *capillaires,* elle est encore vivipare, c'est-à-dire que de petites plantes sortent de la grosse à laquelle elles adhèrent long-temps, et se détachent enfin quand elles peuvent s'en passer.

est nécessaire d'avoir des retraites voisines pour éviter leurs ennemis ; ainsi vivent les *rémitarses*, au nombre desquels se trouvent les *dytiques*, les *tourniquets*, etc. Les eaux ont donc aussi leurs lucifuges !

La *berce*, la *scrophulaire*, la *salicaire* élégante, aux longs épis purpurins, l'*épilobe tétragone*, affectent de croître sur le bord des eaux ou dans les lieux humides. Les *renonculacées* aux coupes d'or, le *myosotis*, chéri de l'enfance pour ses mignonnes fleurs bleues ; de nombreux *orchis* aux corolles si variées et si singulières, recherchent aussi les terrains marécageux, et voilent à nos yeux ces cloaques souvent infects qui déprécient la nature et qu'elle a soin de nous cacher. Il importe encore de citer ici ces plantes étonnantes qui vivent sur nos murs et qui bravent le froid et le chaud. Elles sont douées d'une si grande force vitale, qu'elles semblent végéter en l'air, étant privées de terrains où puissent plonger leurs racines. Voyez comme le *bouillon-blanc*, l'*origan*, l'*hyssope*, la *grande-*

armoise, la *chicorée-amère*, la *ronce* même, s'y complaisent, et beaucoup d'autres (1). Mais voyez l'instinct! ces plantes recherchent les lieux secs; qu'un vieux mur se présente, le vent y porte leurs semences et elles y germent aussitôt, favorisées par ses interstices dégradés.

Quelques plantes rares ne se montrent que dans certaines localités très-bornées, et bien qu'on trouve ailleurs des températures et un sol analogues, vous les y chercheriez vainement; et c'est là ce qui fait tout à la fois le plaisir et le chagrin du botaniste; le plaisir, parce qu'il est heureux de tomber sur un gîte aussi précieux et qu'il y fait ample moisson. Joyeux encore quand ces lieux privilégiés ne sont pas le théâtre du vandalisme de prétendus botanistes qui détruisent toute une récolte pour

______

(1) Dans un ancien rempart de ville qui borde mon jardin, et où le midi darde ses feux, toutes ces plantes croissent énormes; et quand, pour mon ménage, il me faut quelque panacée utile, je ne vais pas herboriser ailleurs.

empêcher d'autres qu'eux d'en jouir, ou pour donner encore plus de valeur aux échantillons qu'ils possèdent.

Ainsi le *carex brevicollis*, dont la découverte précieuse appartient à M. Victor Auger de Saint-Rambert (Ain), n'est connu et ne croît, jusqu'à présent, qu'au pied de la montagne de Parves, près Belley, sur un versant qui regarde le nord-est, et c'est au printemps qu'il faut aller le visiter.

La *balsamine*, ou *noli me tangere*, a choisi sa demeure dans une zône élevée, au-dessus de la Grande-Chartreuse; cependant elle a été trouvée par M. Auger dans une vallée près d'Argis (Ain), mais c'est une exception, et on l'y voit en très-petite quantité.

Quand on réfléchit à l'étendue bornée qu'occupent certaines plantes, et le danger qu'elles courent d'être détruites par l'homme ou par les animaux, on se demande s'il n'y en a pas plusieurs qui disparaissent de la surface du globe? Dieu qui créa ces exceptions végétales, permettrait-il leur disparition totale? Ce serait le contraire de ce que nous voyons partout. A peine l'homme laisse-t-il un champ en friche, qu'aussitôt il se couvre d'une verdure luxuriante composée de plantes diverses ; puis arrivent les ronces et les épines, et bientôt les semences des arbres, apportées par les vents, germent à l'ombre de ces robustes protecteurs et s'élancent en futaie ou en taillis. Sans la dent meurtrière du bétail, et sans la culture de l'homme, nous aurions souvent un exemple pareil de la reproduction des forêts.

Les graminées, dont l'espèce domine dans nos prés et nos champs, parfaitement constituées la plupart, pour se reproduire même contre la volonté soutenue de l'homme, semblent être les plantes les plus anciennes et le moins exposées à disparaître. A cet égard, je dois noter un fait qui n'est pas sans importance : j'ai constaté dans une découverte d'urnes cinéraires romaines faite à Montmerle (Ain), au champ *des Brosses*, que des graminées dont les racines avaient été enfouies dans ces urnes avec la terre mêlée aux cendres, offraient encore sur le sol resté en friche, ces mêmes graminées en abondance, et pourtant dix-huit siècles, et plus peut-être, avaient passé par-là !

Je ne me prononcerai pas sur la question que j'ai agitée plus haut, celle de savoir si des espèces entières de végétaux disparaissent du globe; mais je dirai que cela me semble contraire aux lois de la nature. A plus forte raison suis-je éloigné d'admettre des productions spontanées d'espèces nouvelles ! Où trouverions-nous une bonne preuve d'un fait semblable ? Est-ce parce que des botanistes diront qu'ils ont rencontré par hasard une plante inconnue jusque-là ? Ou bien parce qu'ils auront remarqué plus tard, dans un coin où il n'y en avait pas avant, telle autre plante également incon-nue? On ne pourrait alléguer, ce me sem-ble, que des argumens semblables, et ils seraient inadmissibles. Qu'on veuille bien réfléchir que nous sommes encore loin de tout connaître.

Si la nature a pourvu les végétaux d'agens reproducteurs puissans, c'est apparemment pour qu'ils se conservent toujours ; et si quelques espèces plus délicates existent peu nombreuses, c'est afin qu'elles ne viennent pas étouffer les autres par leur multiplication répétée ; mais ces mêmes espèces affectent certaines localités où on les retrouve toujours. D'autres, non moins délicates, voyagent, mais restent cependant peu répandues. Dieu, sans doute, peut créer encore ; mais ne voyons-nous pas que la nature a été successivement engendrée dès l'abord pour se perpétuer ensuite toute seule : le globe a été pourvu des végétaux et des animaux qui devaient l'embellir et le rendre vivant ; tout ce qu'on y déposa et qui a survécu aux divers cataclysmes qui l'ont dévasté, se retrouve encore. Si des espèces ont disparu, c'est parce qu'elles sont enfouies au sein des eaux et non point parce qu'elles se sont éteintes d'elles-mêmes.

Si nous voyons des continens sortir de

la mer, et le fait a lieu de temps en temps, ils se recouvrent bientôt de productions végétales, qui ne sont sans doute pas créées avec le continent lui-même, mais qui sont apportées peu à peu des lieux circonvoisins.

Si notre démonstration a quelque évidence, on doit admettre que des végétaux nouveaux ne doivent pas plus se montrer simultanément que ceux existans ne sont appelés à disparaître aussi (1).

(1) La question relative à la spontanéité des végétaux est d'une portée immense. Elle excite depuis peu l'attention du monde savant. Il ne s'agit rien moins que de décider : que la production des végétaux est faite par la nature sans le secours de la graine, ou celle des animaux sans le secours de la mère.

Van Mons a traité cette question sans chercher à faire école, et en exposant ses idées avec la simplicité d'un homme de génie qui raconte ce qu'il a vu. Bien que les faits qu'il rapporte soient plus qu'extraordinaires, son autorité est si grande qu'on ne saurait la révoquer en doute, et puis un homme pareil mérite qu'on pèse mûrement ce qu'il avance. Mais le moment approche où chacun peut-être va finir par ouvrir ses yeux à la lumière. On com-

III. — LIEUX FAVORABLES A CERTAINS VÉGÉTAUX.

Si vous dérangez l'ordre admirable de la nature, qui assigna sa place à chaque plante, vous trouvez souvent vos soins en défaut ; si, par exemple, vous mettez à l'ombre une plante qui recherche le grand soleil, et au soleil une plante qui veut de l'ombre, vous les verrez bientôt végéter faiblement ou périr. Ainsi, placez au soleil la capucine à grande fleur, elle s'élèvera peu, lors même que vous lui présenterez l'appui d'un tu-

prend que l'espace nous manque pour aborder cette question dont l'intérêt augmente avec les faits puissans qui l'ont fait naître. Nous la traiterons avec quelque soin dans une autre partie, à l'occasion des insectes, car chez eux aussi on admet la création spontanée.

En attendant, qu'il nous soit donné de nous prononcer dans cette intéressante discussion. Nous répéterons avec beaucoup d'amateurs d'histoire naturelle : S'il y a tant de créations spontanées, à quoi servent donc les graines ? pourquoi les animaux se reproduisent-ils de père et de mère ?....

teur, et comme si elle avait besoin de s'é-
tendre au loin, pour donner une issue à sa
sève abondante, elle formera en terre des
bourrelets, des massifs de tiges contournées
par où l'extravasion s'opèrera, et qui se
fussent convertis en végétation luxuriante
si elle eût été favorisée par l'ombre et l'appui d'un mur. Je puis le dire, toutes les
fois que j'ai semé des capucines au soleil, en
plein jardin, ou à l'ombre, voilà ce que j'ai
remarqué : quand elles étaient à l'ombre,
protégées par un mur couvert de treillages,
elles acquéraient un volume énorme, leurs
tiges charnues avaient un aspect de santé
remarquable. Voilà pour les extrêmes. Mais
il y a aussi des plantes de mi-ombre et de
mi-soleil, et c'est ce qui démontre que
chaque végétal a une place marquée ; car
il faut bien que les végétaux de plein soleil,
ou ceux de plein nord, aient des voisins
qui remplissent les intervalles qu'ils laissent
entre eux. Du reste, c'est dans les trois
règnes que nous remarquons partout ces
demi-teintes ; leur but est d'adoucir certains

reflets trop brusques, et quand notre œil ne voit pas à sa portée ces tons fondus, notre raison doit nous indiquer qu'ils existent ailleurs. En effet, chaque jour les découvertes des naturalistes tendent à établir cette vérité.

On sait que certains animaux émigrent constamment, mais c'est pour se conformer aux changemens des climats ou des saisons; puis ils reviennent avec la température qui leur est propice. Plusieurs végétaux changent aussi de place, mais c'est pour subsister mieux, et si quelques-uns passent les mers pour s'implanter chez nous, ils ne quittent point pour tout cela le sol natal. De même qu'à l'homme, il faut à l'animal, il faut à la plante une patrie. C'est ainsi que l'Auteur de la nature a su disposer un ornement, un genre de vie pour chaque localité, et qu'il a doué les uns d'instincts et les autres de forces végétales, pour se maintenir intacts dans les régions qui leur furent assignées comme domicile permanent ou futur.

IV. — DES VÉGÉTAUX VOYAGEURS.

Nous venons de parler des plantes qui changent de place ; il faut citer quelques exemples et montrer comment le trajet s'opère.

Cette faculté des plantes de se reproduire à notre insu et de se transporter ainsi à de grandes distances, doit paraitre surnaturelle aux personnes étrangères à la botanique. Mais rien n'est plus simple et plus beau en même temps pour celui qui observe et connait l'histoire naturelle. Beaucoup de végétaux se sèment d'eux-mêmes sur place et, sauf à s'étendre chaque année un peu plus, ils ne quittent pas la localité qui les a vus naitre. Ainsi, quand nous ne dérangeons pas le sol où ils ont crû, nous les retrouvons une autre année. Cela est vrai surtout pour les plantes dont les graines ne demandent pas à être enfouies pour germer. Dans nos jardins, les laitues, les choux, les arroches, entre autres, se semant d'eux-mêmes, couvrent le pied-mère d'innombrables sujets qu'on transplante ailleurs si l'on veut, et qui ont levé d'autant mieux sans soins que leur germination a eu lieu pendant l'été ou l'automne, et que la graine est plus nouvelle (1).

(1) Plus la graine est jeune et mieux elle lève; plus elle est sujette également dans certains végétaux, dans les choux, par exemple, à donner des produits qui montent. C'est pourquoi on attend plusieurs années avant de semer celle qu'on a récoltée.

Il faut remarquer aussi que les plants, venus de vieille graine, sont bien plus lents à parcourir le cercle de leur végétation. On voit que les principes vitaux sont altérés par la conservation trop longue de la graine. En terre, elle se conserve long-temps intacte, c'est le procédé que suit la nature; dans les mains de l'homme, elle s'altère plus promptement. Ainsi, de la graine nouvelle produit des individus vigoureux; ils diminuent de santé et de force au fur et à mesure qu'elle vieillit, puis finit par ne plus germer. Si on a semé sa graine un an avant son altération complète, beaucoup de grains ne lèveront pas; parmi ceux qui lèveront, il y aura des sujets

Mais les plantes, de même que les animaux voyageurs, ont aussi leurs esprits inquiets; l'instinct les tourmente, si je puis m'exprimer ainsi; il leur faut un autre air, un sol analogue, mais non épuisé par des congénères. Les végétaux de cette nature sont doués de forces et de moyens particuliers pour lancer au loin leur graine, leurs capsules et leurs fruits. La *cardamine* des prés, quand sa graine est mûre, distend ses siliques qui s'enroulent rapidement de la base au sommet, puis les

faibles qui ne parcourront qu'avec peine toutes les périodes de leur vie; il s'en trouvera un grand nombre qui, ayant commencé à pousser, se dessècheront bientôt sans pouvoir aller plus loin.

C'est ici le cas d'indiquer que chaque végétal se hâte de donner sa graine : la nature ne le fait vivre que pour cela. Aussi, c'est quand il fleurit qu'il use de tous ses moyens. La vitalité est alors si prononcée dans quelques plantes, que des branches coupées en boutons et laissées sur le sol, y fleurissent et résistent plusieurs jours à la chaleur de l'atmosphère : des tiges de courges m'ont fourni cet exemple.

2*

graines sautent et se sèment à l'entour.
Le moindre mouvement dans l'air produit ce phénomène très-agréable à ré-
péter soi-même et qui a lieu par un
léger attouchement. Aussi ce n'est pas à la
même place qu'il faut, l'année suivante,
chercher la cardamine. La *balsamine (im-
patiens balsamina)*, type de celles de nos
jardins, est beaucoup plus impressionnable
que cette dernière, parce que la civilisation
ne l'a pas encore énervée. Cette plante
semble vouloir s'opposer à ce que l'on récolte sa graine, car si elle est très-mûre, le
moindre contact fait qu'elle se disperse
autour du pied-mère. Le *concombre-giclet*
est encore plus surprenant. Ses fruits,
portés par un long pédoncule droit et fort,
pendent légèrement, se relèvent en mûris-
sant, puis le petit concombre devenant
trop lourd pour le pied qui le porte, un
ressort se détend à la naissance du fruit et
celui-ci est lancé en avant, tandis que les
graines sont poussées en arrière à l'aide de
l'eau comprimée qui le remplit. Quand

on croit cueillir la graine en saisissant le
fruit lui-même, on n'a qu'une enveloppe
vide de semences, et, pour en récolter, il
faut chercher sur le terrain ou dans l'herbe
environnante. On voit par là qu'une autre
année de semblables plantes ne pourraient
prospérer à la même place; voilà pourquoi
la nature a pourvu le *giclet* d'organes vec-
teurs propres à seconder cet instinct.

Les cryptogames (1), dont l'organisation
n'est pas encore bien connue, ont des
moyens de reproduction qui nous échappent; et, pour ce genre de végétaux, il sem-
blerait qu'ils se montrent spontanément et
sans graines préalablement semées!... Ce
serait là une anomalie peut-être, mais
existe-t-elle réellement? D'un autre côté,
dans tous les champignons on a constaté la
présence de graines imperceptibles, que le
microscope le plus fort peut seul détailler
et montrer; quelques naturalistes préten-

(1. Plantes dont le sexe est invisible, comme les
champignons, les *lichens*, etc.

dent au contraire que les graines des champignons sont invisibles. Si nous en voyons
apparaître subitement dans un lieu où nous
n'en n'avions pas encore aperçu, il faut
bien admettre que la graine y sera parvenue
à l'aide de quelque véhicule; ou bien alors
on devra supposer que les cryptogames se
reproduisent, soit par la graine, comme je
viens de le dire, soit spontanément quand le
sol se trouve réunir les conditions propres
à les engendrer. Ici, la production, pour
être spontanée, aurait toujours une cause
préexistante toutes les fois que le sol réunit
les élémens capables de les faire croître.
Ainsi, au premier coup-d'œil, les champignons sembleraient faire exception à la
règle; et cependant en réfléchissant bien
aux causes qui les produisent, il n'en serait
rien. Il faut tenir compte de leur organisation particulière qui diffère tant des
végétaux phanérogames. On ne peut donc
raisonnablement les leur comparer et voir
dans leur végétation des phénomènes qui
détruisent l'ordre admis pour ces der-

niers. On sait qu'en plantant des truffes noires dans un terrain combiné et favorablement exposé, on obtient un produit semblable : donc elles portent leurs graines avec elles, car là il n'y en venait pas avant !

Dans certaines contrées, on remarque sur le sol des anneaux de végétation auxquels le peuple attache une sorte de superstition. Ces anneaux sont dus à des espèces de champignons qui, par leur végétation, appauvrissent le sol et vont naître chaque année au loin pour trouver une alimentation nouvelle. Les anciennes places sont abandonnées, puis là l'herbe pousse avec une vigueur qui contraste avec celle qui la touche. Ainsi, ces champignons qui ont appauvri le sol pour leur propre espèce, se trouvent l'avoir rendu plus fécond pour d'autres ! Et cela sans doute par l'azote et les sucs qu'ils y ont déposés en se desséchant. Mais comment se sont-ils transportés ailleurs, conservant toujours leur végétation circulaire ? C'est là ce qui étonne le peuple et confond son esprit crédule ! Et au lieu d'admirer l'Auteur de toutes choses en lui reportant le mérite d'un aussi beau phénomène, le vulgaire préfère attribuer cette végétation mystérieuse à je ne sais quel sortilége offensant pour la Divinité. Les champignons qui donnent lieu à ces effets de physiologie végétale sont: *l'agaricus campestris*, *agaricus procerus*, *agaricus terreus*, et le *lycoperdon bovista*.

D'autres végétaux qui se transportent au loin, sont pourvus de graines ailées, telles que ceux de la famille des légumineuses, ou à aigrette, comme les *flosculeuses* ou semi-*flosculeuses*, dont le *chardon* et le *salsifis* sont un type. C'est un spectacle bien beau à voir que celui de la nature opérant ses merveilles! L'homme qui sait la comprendre ne peut, sans émotion, contempler en été les migrations des graines qu'un vent violent emporte ou qu'un zéphir léger balance et soulève doucement. Qui n'a pas vu les graines du salsifis, du pissenlit, du chardon, pendantes et soutenues en l'air par des voiles soyeuses, naviguer majes-

tueusement et cherchant dans l'espace le
port où elles iront se fixer ! Organes mys-
térieux d'une végétation future, allez remplir le but que vous assigne la Providence !
Portez les bienfaits de votre verdure et de
vos fleurs pour peupler et varier ce sol
inculte qui vous attend et dont les molécules s'apprêtent à saluer votre approche !
Allez, et que bientôt mon œil, étonné de
vous voir implantés si loin de votre séjour
premier, admire une fois de plus celui qui
vous donna l'impulsion en même temps
que le pouvoir de croître et de fleurir !

Le *chardon* est peut-être la plante la plus
avantageusement organisée pour infester
les lieux circonvoisins. Il y en a de plusieurs
sortes, mais presque tous ont leurs graines
revêtues d'aigrettes de soie plus ou moins
longues et fines; et quand elles sont mûres,
le moindre vent emporte ces groupes argen-
tés qui reposent à peine sur leur réceptacle
commun et soudain remplissent l'air de leurs
semences voyageuses. Les champs en sont
promptement garnis; et, sans les soins

de la culture, cette famille robuste et gourmande envahirait tout. Le chardon *à petites fleurs*, qui croit dans les décombres et au bord des fossés, se développe avec vigueur dans les terrains fraîchement remués; il aime les douves et les buissons neufs, parce que là il se nourrit abondamment et parce qu'il est protégé par les ronces et les épines. Il est vivace, et malgré cela, il a été pourvu de graines nombreuses qui le multiplient d'une manière effrayante et facile. Le *chardon-vivace* se dispute les mêmes terrains et porte aussi des graines qui se transportent rapidement à l'entour.

Le *chardon à petites fleurs* repousse toujours quand on veut l'arracher, parce que sa racine, qui est tendre, pivotante, se rompt facilement, ayant été douée de cette faculté afin de se défendre contre les efforts de l'homme ou des animaux. Parmi ceux-ci, on sait que l'âne est presque le seul qui recherche le chardon avec avidité; ainsi, l'animal le plus humble et le plus disgracieusement doué, a donc été fait pour apprécier la plante la plus ingrate et la plus rude. D'autres quadrupèdes mangent le chardon, mais sans le rechercher de préférence. On en porte au bétail avec l'herbe qu'on tire au printemps, des blés verts, et les femmes de la campagne ont même remarqué qu'il donne au beurre une belle couleur jaune.

Les *amentacés*, ou arbres et arbrisseaux qui portent des *chatons*, sont quelquefois pourvus de graines soyeuses qui voyagent également. Ainsi, le saule commun, *salix alba*, offre un joli phénomène à la maturité de sa graine. Elle est petite et imperceptible, mais munie d'un léger duvet blanc, cotonneux ; elle est si abondante, que l'air en est rempli et le sol jonché, comme d'une fine couche de neige qui viendrait de tomber. Le soleil qui règne dans l'espace fait un contraste curieux avec cette nappe argentée qui recouvre la terre. Je fus assez heureux, un jour, pour jouir de ce spectacle dans tout son développement, sur une grande route où je passais. Le terrain, sec et dépouillé d'herbes, permettait de voir en son entier ces graines délicates que la tranquillité de l'air avait laissées s'amonceler peu à peu dans le voisinage d'un grand saule étété, si commun dans la Bresse. L'air transporte très-loin cette graine légère, mais elle lève difficilement; ce qui fait qu'on ne trouve jamais de jeunes saules venus de semis.

Le célèbre botaniste Linné prétend que l'*érigeron* du Canada, que nous trouvons chez nous en pleine végétation, nous serait arrivé en traversant les mers à l'aide de ses graines volantes. Mais sans vouloir en rien atténuer l'opinion de ce savant, il nous sera permis de supposer que la graine a pu être apportée par des navigateurs, mêlée à leur vêtemens ou à la cargaison du navire. Puis, cultivé d'abord au Jardin-des-Plantes, il se sera répandu de là dans l'intérieur de la France et de l'Europe.

Ainsi se forment les prairies, ainsi s'élancent les forêts! Nous ne les remarquons bien que lorsqu'elles arrivent tout-à-coup à l'état parfait, et nous n'avons pas su apercevoir les moyens journaliers qu'emploie la nature pour les créer! Mais l'homme qui s'adonne à l'histoire naturelle s'initie peu à peu à ses attrayans mystères. Il voit s'opérer tous ces prodiges; il suit de l'œil et accompagne par la pensée ces innombrables germes féconds, que les vents entraînent; il salue avec joie ces colonies volantes qui se balancent mollement dans l'air, et qui attendent qu'un obstacle imprévu ou un sol propice les arrête et développe ces élémens d'une verdure à venir, espoir de nos pâturages ou d'une forêt future!

V. — COMMENT LA NATURE PEUPLE LES TERRAINS NUS OU INCULTES.

Qu'un champ nouvellement labouré reste en friche, aussitôt la nature se met à l'œuvre. D'innombrables semences conservées en terre vont germer de tous côtés. Les plantes qui se reproduisent le plus facilement sont aussi les premières à paraître. Les graminées sont les plus actives et les plus nombreuses. Puis viennent les ronces et les épines de toutes sortes; protectrices choisies des jeunes arbres, elles écartent de ces semis l'homme et les animaux paissans; puis les écureuils, les rats, les oiseaux, y transportent des noix, des glands, des faines et des cerises, tous les fruits ou les baies dont ils se nourrissent; et oubliant ou délaissant une partie de ces provisions passagères, qui germent bientôt, contribuent ainsi, sans y songer, au reboisement de la nature.

Les buissons, le bord des eaux, les lieux peu fréquentés, sont d'ordinaire les réceptacles des grands végétaux semés par ces agens inattendus. Il n'est pas rare de voir s'élever un chêne au pied d'un saule planté sur le bord des eaux, parce qu'un rat des champs, le *mulot* ou la *musaraigne*, y aura fait sa provision d'hiver; il en sera de même pour un cerisier, un barcillère quelconque, parce qu'un oiseau, se reposant sur ce saule, aura laissé tomber le fruit qu'il tenait au bec. Quand on peut examiner ce genre de propagation, trop peu remarqué, et suivre sa progression rapide, on est étonné d'un semblable résultat.

Je possède un très-grand réservoir; dans toute sa longueur sont plantés de vieux saules; eh bien! au pied de chacun, il y a un jeune chêne, qui vient si près du tronc, qu'en s'élevant et dominant son premier tuteur, il se courbe et se voit gêné dans son port. Comment ces chênes ont-ils été plantés là? Cet arbre, on le sait, ne recherche pas les lieux humides; il a fallu que des glands y fussent apportés par les rats qui les enfouissent pour l'hiver et qui, ne pouvant les consommer tous, ou se dégoûtant de la provision qui s'est altérée sans doute par un commencement de germination, permettent à la nature de reprendre ses droits en s'emparant de ces embryons. Quand ces chênes seront vieux, et que les saules auront péri (ils vivent peu, étant près de l'eau), on ne saura peut-être pas comment ils se sont implantés là. Constatons bien qu'il n'y a des chênes qu'auprès des saules.

Les arbustes qui aiment l'humidité surgissent tout seuls autour des grands réservoirs; la belle et utile famille des saules y prend pied et les garnit promptement. Ainsi, le saule-marceau, l'osier-gris, *salix aurita*, s'y montrent aussi (1). Les graines qui voyagent se fixent promptement là où le sol leur est propice.

C'est ainsi que la nature, qui a horreur des nudités, tout comme du vide, est si habile à se couvrir partout d'une brillante robe végétale! Les lieux secs ont leurs plantes spéciales, tout comme les terrains humides, les eaux ou les marais.

Autour des fleuves et des rivières navigables, il se forme, lors des grandes crues d'eau, des îlots qui, à leur tour, se cou-

____

(1) On sait que les osiers de tous genres sont dans l'ordre des *amentacés*, parce que les arbres et arbustes qui le composent portent des fleurs en chaton.

vrent spontanément d'une belle végétation. On y voit apparaître des herbes, des arbustes et des arbres. Ainsi les osiers, la *vorge* ou *vorgine*, surtout, y poussent rapidement; des peupliers viennent ensuite à l'abri de ces touffes robustes et forment de grands massifs de futaie. C'est une chose vraiment merveilleuse que de suivre le cours d'une semblable végétation. D'abord un amas de cailloux s'arrête et s'allonge; le sable ensuite se fixe dans les interstices des pierres, s'élève en couche épaisse, puis ce sol, laissé à sec quand les eaux se retirent, commence à montrer, au bout de quelques mois, des groupes d'herbes éparses çà et là. Bientôt d'autres plantes germent à leur tour, et voilà le sol tout tapissé d'une belle verdure qui, retenant de plus en plus les sables et les autres matières fécondantes que les eaux charrient à une première crue, pousse à son tour avec plus de vigueur. Sous la fraîcheur de ces gazons épars, les vorges allongent leurs tiges naissantes; de jeunes peupliers que nul n'a semés, pas plus que les herbes ou les vorges, s'élèvent plus tard, et voilà notre îlot tout-à-coup boisé. Chose remarquable, ces peupliers s'élancent en touffes, et nous ne les rencontrons jamais ainsi dans nos bois; si vous les élaguez, par ce soin, vous allez avoir en peu d'années une forêt très-belle. D'où sont venues ces semences? Sont-ce nos peupliers du pays ou d'autres espèces qui les ont fournies? Mais chez nous ils ne croissent pas en touffes! Certainement les eaux les ont charriées; tombées ailleurs des arbres qui les portaient sur un sol aride ou sec, où elles n'auraient pu germer, les voilà qui s'empressent de s'élancer d'un terrain vierge encore.

Il faudrait pouvoir étudier ces arbres lors de la floraison, pour en faire la comparaison avec d'autres; je ne suis pas à portée de procéder à cette investigation qui n'est certes pas sans intérêt. Si le phénomène que je viens de décrire étonnait quelqu'un, qu'il se transporte à Priay, sur les bords de l'Ain; il y verra, sous *Belle-*

garde, une partie de continent qui a exacte-
ment commencé ainsi que je l'ai décrit.
Les eaux s'étant retirées peu à peu ont
permis à l'îlot de s'étendre jusqu'au bord
de la rive ; et maintenant qu'il fait corps
avec les terrains environnans , chacun
est tenté de croire que la belle forêt de
peupliers qu'on y voit a été plantée de main
d'homme (1).

(1) Les graines se conservent long-temps en terre
où la nature les tient en réserve pour des occasions
favorables. Quelques-unes durent à peine un an ;
mais d'autres , telles que les *haricots,* germent au
bout de soixante ans. Des *sensitives,* conservées
dans des bocaux, ont germé après cent ans. Des
graines de *sysimbrium-irio* poussèrent tout-à-coup
sur les décombres d'une tour ruinée par le feu.
Avant cette époque, cette plante était très-rare dans
la localité, et on a pensé que la graine s'était conservée dans le mortier. On comprendra cependant
que plus la graine est vieille et moins elle lève
promptement ; et que pour que des *haricots* germent
au bout de soixante ans, il faudrait les semer sur
couche. Nous avons dit déjà que de la graine trop
vieille ne produirait que des plantes faibles : ceci

2*

VI. — INSTINCT DES RACINES.

Lierre. — Les racines des plantes s'étendent souvent très-loin ou s'enfoncent profondément ; celles des arbres ou de certains arbustes ont encore une plus grande force de végétation. On a comparé les racines des arbres aux branches qu'ils portent, assimilant ainsi leur volume extérieur au développement de leurs racines dans le sein de la terre ; elles suivent la direction de ces mêmes branches, et quand on s'aperçoit que l'arbre pousse plus fortement d'un côté, on peut être assuré qu'en terre les racines y correspondent ; elles traversent des corps très-durs et souvent les font éclater. Le lierre renverse des murailles en s'infiltrant peu à peu dans leurs fissures ; il dresse chaque jour ses longs rameaux qui grossissent insensiblement et finissent

s'applique toutefois aux plantes légumières qui sont trop civilisées. Des graines sauvages se reproduiraient mieux.

par acquérir une force telle , à mesure que le tronc se développe , qu'il triomphe enfin de la résistance que lui oppose le mur, et nouveau Briarée aux cents bras, le géant le renverse avec fracas. Ceci a lieu dans les vieux murs abandonnés ; mais si c'est contre une habitation qu'il élève ses tiges rusti-ques, il la tapisse complètement, la couvre et la protège , par son feuillage luisant , contre les intempéries des saisons. Il dé-robe ainsi à notre œil l'aspect triste et dégradé des antiques murailles. Le *lierre,* de même que toutes les plantes parasites , a , comme on le voit , deux espèces de racines , les unes terrestres , les autres aériennes ; les racines terrestres leur ont été données pour acquérir un premier ac-croissement ; mais, plus tard , elles devien-nent insuffisantes et il leur faut un appui extérieur pour supporter et nourrir les innombrables suçoirs qu'elles portent et qui cherchent un corps extérieur pour s'appuyer.

La *vanille aromatique* nous donne la

mesure d'une semblable existence ; pendant les deux ou trois premières années, ses racines terrestres lui suffisent ; mais alors, si vous ne la placez pas contre un arbre vivant, elle périt promptement. C'est ainsi qu'en grandissant nous-mêmes, d'autres et plus pressans besoins viennent nous assiéger !...... Il y a d'autres plantes parasites, telles que la *cuscute*, qui détruisent toute une prairie si on la laisse envahir l'herbe sans l'arrêter. Quelques-unes, sans être ce qu'on appelle des parasites, mériteraient bien ce nom pour la facilité immense qu'elles ont de se reproduire et de tout détruire autour d'elles ; le *rhinante* est du nombre.

Le *genêt* des teinturiers, qui envahit nos prairies au point de les couvrir bientôt, se sème facilement et surgit dans tous les coins. C'est ce qu'on nomme *genétiole*. On devrait l'arracher avec soin avant que la graine mûrisse.

Tomate, melon. — Quelques plantes, en apparence faibles ou qui semblent avoir des racines profondes, les ont entièrement capillaires et traçant très-loin, au lieu de s'enfoncer. La *tomate*, plante très-gourmande, est de ce nombre. On a dit que le *melon* offrait la même végétation; j'ai voulu plusieurs fois m'assurer si ses racines ténues s'étendaient aussi loin qu'on le prétend; je n'ai jamais pu remarquer autre chose qu'une dimension très-ordinaire dans leur développement; et il n'y a là rien qui m'étonne. Le *melon*, comme tous les cucurbitacés, se nourrit plus par les feuilles que par les racines. Maintenant, placez un *melon* au centre d'un carré très-amendé; comme il est fort gourmand de sa nature, il ira tout à l'entour prolonger ses racines qui, bien que très-minces, s'étendront beaucoup. Du reste, toute plante possible non pivotante en ferait autant dans les mêmes circonstances données, et se laisserait tenter par les sucs nourriciers qu'elle pressentirait dans son voisinage.

Eglantier. — Il y a encore des racines qui tracent entre deux terres, et vont sortir à une distance plus ou moins forte du pied-mère. Ainsi , l'*églantier* destiné à se propager rapidement par ses racines , pousse constamment des rejets qui forment de nouvelles tiges et finissent par épuiser la souche qui les a produits. Frappés de la différence notable qui existe entre ces *branches souterraines* et les racines ordinaires , les botanistes ont fait une distinction à leur égard et les ont nommées *progressives ;* ils les regardent avec raison comme autant de tiges enracinées , marchant entre deux terres (1).

L'*églantier* sur lequel sont greffées toutes nos belles roses, a une tendance constante à pousser des rejetons, et si on ne les supprimait avec soin , ils finiraient promptement par épuiser la tige première. On a pu remarquer que ses rejets sont d'autant plus fréquens que la rose greffée est douée d'une vigueur moins forte; on conçoit, en effet, que l'arbuste ne trouvant pas à occu-

(1) De Mirbel , *Elémens de physiologie végétale,* tome Ier, page 88.

per au-dehors l'excès de vie qui le domine, cherche à se rattraper en poussant de nouveaux jets par où la sève s'élabore et se répand. On a fait une observation curieuse au sujet des racines *progressives* de l'*églantier*, et ceci prouve complètement ce que je disais de l'instinct de ces organes nourriciers. Un *églantier*, planté dans un jardin, poussait des rejets nombreux dans la direction d'un amas de terreau qui reposait depuis long-temps dans le voisinage. Plus on coupait de tiges, et plus il en sortait toujours de terre; cette hydre nouvelle ne se rebutait pas. On prit le parti, enfin, de séparer l'*églantier* du terreau par un fossé profond. Pendant quelque temps, les racines ne se montrèrent pas; mais bientôt l'étonnement fut grand, quand on les vit sortir de l'autre côté du fossé et s'élancer majestueusement dans le terreau! Ainsi, elles avaient su arriver jusqu'aux sucs abondans qui les attendaient dans ce terreau; et pourtant le jardin, de tous côtés, leur offrait de la place pour s'étendre;

elles en eussent profité sans doute, privées de l'attrait puissant qui les tentait
ailleurs. Quelle merveilleuse organisation !
Quelle puissance d'appétit, et cela dans un
arbuste !

Nous remarquons, chaque jour, quelque
chose de semblable. Les arbres de haute
tige que l'on plante sur le bord des champs
et que de grands fossés séparent d'un côté,
s'étendent toujours contre la terre; leurs
branches, suivant en général la même
direction, il en résulte que le champ qu'on
cultive est appauvri par les racines qui
l'épuisent et par l'ombrage des branches
qui le privent de l'humidité de l'air. Ces
circonstances devraient guider les cultivateurs dans la disposition de leurs planta-
tions. On croit quelquefois que c'est l'ombre
elle-même de l'arbre qui empêche les plantes cultivées de croître en-dessous, et c'est
aux racines seules qui, dans ces sols peu
profonds, se tiennent près de la surface,
qu'on doit l'imputer. Dans la *Limagne*,
terrain d'alluvion riche et puissant, les blés

sont plus beaux sous les arbres qu'ailleurs. Dans le canton de Pont-de-Vaux (Ain), on plante tout exprès de grands *arbres très-rapprochés* dans les buissons, pour protéger les champs de leur ombre ; et, dans ce sol sablonneux et fertile, les végétaux sont aussi vigoureux au pied même des arbres que dans le milieu du champ ; mais là le sol est profond et amendé.

Dans les bois, les arbres se nuisent mutuellement ; aussi nous ne voyons pas leurs branches s'entrelacer beaucoup ; la lumière qu'elles cherchent ne pouvant leur arriver que d'en haut, les arbres montent pour l'atteindre. Sur les lisières, les branches qui bordent le bois s'étendent dans l'espace et les arbres ne poussent que fort peu en dedans. La moindre gêne qu'éprouve un arbre par un autre qui le touche, même dans nos jardins, ou le voisinage d'un mur, sont autant d'empêchemens à ce qu'il pousse des branches de leur côté. On sait que la sève se portant aussi plutôt du côté du midi que de celui du nord, les

arbres se développent bien davantage à l'exposition du soleil; on a mis à profit cette
remarque, et si l'on est égaré dans une
forêt, on s'oriente aussitôt en coupant une
tige. Il faut aux végétaux lumière, humidité, chaleur, espace.

Orme, cognassier. — L'*orme* a aussi des
racines robustes qui traversent des murs.
J'ai vu moi-même de gros *cognassiers* plantés au pied d'un mur exposé au nord,
lancer leurs racines par-dessous ou au travers, et reparaitre au midi. Des rejetons
nombreux qui humaient le soleil repor-
taient ainsi à l'arbre une sève chaude et
fécondante dont il était privé à l'ombre.
Planté au midi d'un autre mur, ces arbres
n'auraient pas eu besoin de chercher la chaleur qui leur était nécessaire; c'est leur instinct naturel qui les a portés à se mettre en
rapport avec les élémens utiles à leur organisation. Plus jeunes, ces *cognassiers*
n'auraient pas eu assez de force végétale
pour produire cet effet; mais devenus robustes, et manquant sans doute aussi d'une

nourriture assez abondante, ils ont pu diriger leurs racines dans un nouveau sol, et vaincre enfin pour y arriver l'obstacle qui s'y opposait.

Marronnier-d'Inde. — Les grands arbres ont de grosses racines qui s'enfoncent dans le sol, suivant sa profondeur; mais la majeure partie de ces racines s'étend horizontalement et souvent jusqu'à fleur de terre. Celles-ci profitent des amendemens que l'homme y dépose et recueillent les bienfaits de la chaleur de l'air, l'agent le plus puissant de toute végétation. Quand le sous-sol est d'argile pure, les racines ne s'y enfoncent pas, elles poussent alors horizontalement. Dans un pareil terrain, les arbres vivent peu, surtout les espèces fruitières qui se chargent de chancres et de mousse; et c'est à cela en partie, et non à l'âge de l'espèce seulement, qu'il faut attribuer leur caducité précoce. Les eaux qui séjournent trop longtemps entre deux terres sont la cause de ces inconvéniens; et c'est pour cela que, dans les terrains argileux, on doit, autant que possible, pour planter un verger, rechercher un terrain en pente.

J'ai parlé plus haut de l'instinct des racines pour trouver la chaleur et les terres fécondes dont elles ont besoin ; des *marroniers-d'Inde,* plantés sur une terrasse élevée, nous en offrent encore un exemple. Un mur épais, tenu à l'ombre, ainsi que le sol , par la tête de ces arbres, les séparait d'un chemin public où le soleil dardait ses rayons. C'était assez pour les engager à s'y précipiter ; aussi, toutes les ouvertures qu'on laisse d'ordinaire à des murs semblables pour faciliter l'écoulement des eaux, étaient remplies par de grosses racines de *marronniers ;* minces d'abord , elles grossirent bientôt au point de remplir les cavités où elles étaient même serrées comme dans un étau. Elles s'étaient enfoncées en terre, au bas du mur, de façon cependant à présenter au-dehors une grosse branche nue. Ainsi resserrées , elles se développaient à l'air malgré cet obstacle ; et puisant dans un sol fécond des sucs nourriciers, elles grossissaient beaucoup. Comme on le voit, ces racines étaient en terre d'abord, sur la terrasse, puis devenaient aériennes au milieu du mur, et enfin, terrestres une seconde fois au bas. Il est inutile de dire que leur écorce extérieure était semblable à celle de l'arbre; ce qui démontre, ainsi que la science l'a reconnu dès long-temps, que les racines ne sont que l'arbre lui-même, et que si on renverse l'ordre de la nature, les branches deviendront des racines et celles-ci des branches. Cette expérience réussit surtout dans les espèces qui sont d'une reprise facile.

Mûrier. — J'ai fait une autre observation plus curieuse encore : une graine de *mûrier*, que les oiseaux avaient probablement déposée sur la corniche élevée d'une vieille chapelle servant d'écurie, avait produit un jeune arbre qui végétait très-mal, comme on le suppose. Il se desséchait presque pendant les chaleurs, puis revenait à la vie durant les pluies. Son volume était petit, bien qu'il parût vieux déjà par son écorce;

il ne pouvait cependant continuer à se substanter ainsi, mais la nature vint à son aide; au bas du mur, et à une distance de vingt pieds, était un dépôt de fumier et de terreau qu'on n'enlevait jamais en entier et qu'on augmentait souvent. Les sucs qui fermentaient au bas apportaient à notre jeune arbre des émanations qui provoquaient rudement son appétit, sans le satisfaire. Un jour, il s'avise de lancer des racines sous forme de chevelure, dans le but d'atteindre le terreau. La distance était longue, il y arriva pourtant; mais pendant combien de temps ces racines ne furent-elles pas battues par l'air avant de toucher au fumier ! Et l'on se demande comment ce genre de végétation nouvelle a pu se réaliser jusqu'au bout ! En effet, des organes destinés à fuir la lumière, y ont vécu cependant ! ils n'étaient pas faits non plus pour supporter directement l'air ni les rayons solaires, et ils les ont endurés ! La nature, comme on le voit, a plus d'un moyen d'arriver à ses fins.

Ce qu'il y avait de plus étonnant dans tout cela, c'est qu'une fois parvenues dans le bienheureux terrain, les racines plongeant avec avidité dans cette nourriture succulente avec l'appétit que donne une longue privation, avaient acquis un très-gros volume et se contournaient en tout sens dans cet humus. Elles se trouvaient là bien plus fortes et plus grandes que l'arbre lui-même. Cependant, la sève lui montait, mais avec peine sans doute, car les racines aériennes étaient toujours minces comme une chevelure. En les examinant moi-même, j'étais loin de penser qu'elles s'enfonçaient dans ce terrain et surtout qu'elles y étaient aussi fortes ; je déplorai même plusieurs fois en passant le triste sort du pauvre *mûrier*; lorsqu'un jour j'assistai à l'enlèvement total de la terre où plongeaient les racines. C'est alors que je pus, à mon aise, contempler la puissante végétation qui s'y trouvait. Comme on le pense, ces racines étaient luisantes, spongieuses et tendres. L'arbre vivait, mais ne grossissait pas : en effet, il n'était pas dans les conditions essentielles requises pour cela. Une petite plante àla place du *mûrier,* un arbuste même, n'auraient pas poussé leurs racines comme lui, la nature ne les ayant pas destinés à s'enfoncer beaucoup en terre; mais le *mûrier* étant un arbre grand, contient naturellement en lui des principes d'extension dont il use au besoin. Le nôtre avait ces facultés; il sut en profiter. Le prolongement du chevelu qu'il a poussé pour arriver au terreau qui était au-dessous de lui, ne fait que représenter ce que l'arbre eût opéré, s'il eût été placé dans un sol plus profond. Cet exemple nous démontre encore la puissance instinctive des racines : on retrouverait au besoin des faits analogues.

Plantes qui tracent. — Il est beaucoup de végétaux qui changent de place au moyen de leurs drageons ou des filets dont ils sont pourvus. Ceux-là sont destinés à se perpétuer de la sorte. Les graines qu'ils portent germent difficilement abandonnées à elles-mêmes; et il leur faut des conditions très - favorables pour y parvenir seules. Ainsi, le fraisier peut se reproduire de graine, mais il faut des soins pour la faire lever. En compensation, quelle puissance n'a-t-il pas dans ses nombreux filets qui s'enracinent promptement. Dans les grosses espèces, les nouvelles plantes, provenant de filets enracinés, se développent si fort que la même année le pied-mère est rendu stérile. Cet inconvénient a fait renoncer beaucoup d'horticulteurs aux fraisiers qui tracent. Plusieurs *renonculacées*, cultivées ou à l'état sauvage, croissent de même et couvrent en peu de temps une grande étendue de terrain.

Les pruniers ont aussi une grande propension à pousser des rejetons; et si l'on ne les supprimait pas avec soin, les pieds-mères seraient bientôt épuisés Il en est de même des arbustes qui drageonnent beaucoup. La nature nous apprend par là que les arbres et arbrisseaux qui poussent des rejetons ne sont pas doués d'une longue

2**

vie , et qu'ils sont destinés à couvrir rapidement les terrains où ils croissent en se re-
nouvelant sans cesse.

Ronces. — La ronce nous offre un autre
genre de multiplication qui mérite bien de
fixer notre attention. Nous venons de voir
que les plantes se reproduisent d'elles-
mêmes par graines, drageons ou filets , etc.;
que plusieurs arbres et arbrisseaux, destinés
à former des touffes, poussent de nombreux
rejets; mais aucun, en Europe du moins,
ne s'enracine par ses propres branches.
Plusieurs arbustes grimpant, le chèvre-
feuille , la vigne sauvage , la clématite , ont
cette faculté , mais bornée. A la *ronce épi-
neuse*, il était réservé de se reproduire autrement. Non-seulement elle a des graines
pour se semer comme les autres plantes ,
et des branches qui prennent racines en
s'alongeant sur le sol , mais encore les
extrémités mêmes de ces redoutables lianes
s'enracinent promptement, et communi-
quant à l'arbuste gourmand une vigueur
nouvelle, le font s'élever et s'abaisser en

nombreux arceaux. En entremêlant les uns aux autres ses rameaux redoutables, elle forme des massifs impénétrables. La *ronce* s'élève très-haut d'un seul jet si elle trouve un appui ; alors elle ne tarde pas à se recourber par une propension naturelle qui l'attire vers le sol, et ses extrémités, venant à le toucher, y subissent dans la fraîcheur du gazon une singulière métarmorphose. Là, reposant sur terre où il pénètrera bientôt, le bout de la tige s'enfle peu à peu, devient très-tendre, et montre de petits rudimens qui, se changeant en racines, adhèrent au sol avec la plus grande force : de là, sortent de de nouvelles tiges. Rien ne croît plus vite que cet arbuste grimpant ; ce qui prouve que la nature l'a disposé ainsi pour la seconder dans ses moyens reproducteurs. On l'a vu déjà par ce que j'ai dit plus haut, c'est dans les *ronces* et les *épines* que germent, à l'état de nature, les arbres de haute tige qui ont besoin d'être ainsi protégés. Il semble qu'en se couvrant de buissons et de forêts impénétrables, la nature ait voulu se soustraire aux ravages des animaux et de l'homme !

Certaines plantes recherchent un sol très-profond et ne croissent que là. Lhyèble, le pas d'âne ou *tussilago farfara*, le chardon vivace, *tenui florus*, sont les indicateurs d'un terrain profond. Le pas d'âne trace beaucoup, mais ses racines tendres et charnues s'enfoncent aussi. Le chardon, par sa graine soyeuse, est destiné à se transporter à de grandes distances ; aussi, le voit-on épars çà et là ; les deux autres plantes vivent en groupe. On pourrait objecter que le chardon croit également dans des champs où il se trouve à peine six pouces de terre arable. Cela est vrai ; mais c'est une plante robuste et qui vient partout ; seulement, quand elle rencontre une masse de terre à pénétrer, elle y prolonge ses racines à de grandes profondeurs. A cet égard, je puis citer le fait suivant : en coupant une chaussée d'étang qui, ainsi qu'on le sait, est toute composée de terre rapportée, des manœuvres mirent à nu un chardon. Comme il se trouvait tout juste sur le bord de la tranchée, il fut épargné par la bêche, et je pus facilement mesurer sa racine : elle avait quinze pieds ! C'est peut-être la première fois qu'il est donné de vérifier un fait semblable, et il a fallu une réunion de circonstances très-favorables, pour que je puisse obtenir ce résultat dans son entier. La racine du *chardon* est très-cassante, et il est bien rare qu'en l'arrachant on l'ait entière ; elle repousse alors. Mais de quelque longueur qu'on ait pu la supposer jusqu'à ce jour, je doute fort qu'on ait jamais cru qu'elle dût pivoter à à une aussi grande profondeur.

VII. — FACILITÉ DE REPRODUCTION DE CERTAINES PLANTES PAR LES RACINES, ET CURIOSITÉS QUE PRÉSENTENT CES RACINES EN GÉNÉRAL.

On peut ici en faire la remarque, les plantes qui ont la faculté de repousser sont

2***

pourvues de racines charnues, pivotantes et molles. La *patience*, l'*oseille*, le *pissen-lit*, le *chardon*, sont du nombre. Pour peu qu'il reste en terre un tronçon de l'une d'elles, une nouvelle plante sera bientôt formée. La racine ne pousse pas du bout, mais par les côtés d'où sortent plusieurs tiges vigoureuses, pour remplacer celle qui existait auparavant. Ainsi, au lieu d'altérer la plante en croyant l'arracher, vous ne faites que la multiplier davantage.

Le *liseron* des champs, *convolvulus ar-vensis*, et le grand *liseron blanc* des haies, *convolvulus sepium*, sont très-difficiles à extirper. On connaît leurs racines blan-ches, tortillées, cassantes; cette facilité à se rompre annonce que la plante est assez fixée à la terre, pour ne pas être arra-chée entièrement et pour se reproduire de rejet si quelque cause extérieure l'altère. Coupez ces racines par petits fragmens, et autant de plantes nouvelles en sortiront. C'est le désespoir des jardiniers : car pour en purger un jardin entièrement, il faut beaucoup de temps et de patience.

Certaines graminées, le *chiendent*, pro-
prément dit surtout, sont indestructibles, et
l'usage de travailler les terrains à la bêche
les multiplie encore davantage. Le trident
ou bêche à trois pointes, qui ne coupe pas
les racines pour en faire des milliers de bou-
tures, est le seul instrument à l'aide duquel
on puisse parvenir non à le détruire, mais
à diminuer les plantes qu'on a, ainsi que
les liserons, mais aussi pour échapper aux
poursuites de l'homme et aux efforts de la
culture, voyez comme elle se replie dans
les bordures du jardin, et, protégée par les
racines des plantes que vous ne pouvez
remuer, elle les enveloppe, vit à leurs dépens, puis de là, comme d'un rempart,
elle alonge ses racines dans le carreau qui
la joint!... Les cultivateurs sont tellement
accoutumés à voir le *chiendent* résister à
tout, qu'ils disent entre eux, en riant :
Arrachez le chiendent, faites-le sécher au
four, il repoussera encore si on le met en terre!

Cette extrême vitalité de certains végétaux contrarie souvent nos cultures ; mais

c'est à nous cependant de l'admirer, car la nature les a destinés à croître ainsi, pour qu'elle ne fût pas exposée à se voir quelque part sans verdure (1). Qu'une sécheresse prolongée détruise tout à la surface du sol, que les herbes à racines faibles et annuelles en soient victimes, vous verrez bientôt les

(1) Il y a des lieux arides, où rien ne peut croître, tels que les déserts brûlans de l'Afrique. Là, il manque au sol de la cohésion, c'est-à-dire une terre forte qui donne de la consistance au sable que la chaleur rend trop mouvant. Mais loin de regarder ces espaces brûlés, ces mers de sable, comme quelque chose de disparate dans l'œuvre de la nature, on doit penser qu'ils n'ont pas été faits sans but. Avec quel plaisir le pélerin échappe aux dangers et aux privations du désert ! de quelle joie il salue la première verdure qui frappe ses regards ! Toutes ces sensations sont autant de besoins nécessaires à notre nature et qui attendent une occasion pour se répandre hors de nous.

Ce que que nous disons du désert et des souffrances de celui qui le traverse, s'applique également aux autres sentimens de notre existence. La vie, ne le voit-on pas chaque jour, est-elle autre chose qu'une longue alternative de joies et de peines !

rumex, les *graminées*, les *liserons*, se remettre à l'œuvre et reparaitre à la première pluie ! Les *tussilages* et toutes les plantes vivaces aussi, les arbustes qui drageonnent, auront bientôt rendu tout leur éclat aux champs d'alentour !

L'homme instruit sait utiliser à propos cette propension des plantes à repousser ; et nos jardins sont pourvus de légumes ainsi doués. Notre *oseille* offre-t-elle des touffes trop âgées et dont les racines dénudées à l'extérieur ne produisent plus que des tiges rares, si l'on ne veut pas en transporter la bordure ailleurs, qu'on prenne tout simplement la bêche et qu'on coupe tout à rez-terre ; une nouvelle bordure plus fraîche se montrera bientôt. Le *chou-marin* dont les racines charnues se coupent par tronçons, fournit autant de plantes différentes.

L'aspect des plantes à la surface du sol, leurs formes si variées, leur floraison souvent si belle, leur odeur suave ou repoussante, excitent au plus haut point notre intérêt : il semble que là soit toute la nature ! Oui , pour l'homme superficiel , tout est là ; mais pour le philosophe , pour l'observateur, il reste beaucoup encore à considérer. Les racines ont des attitudes si diverses et s'offrent à nous sous des aspects si différens , qn'on ne se lasse pas de les étudier. Les unes sont traçantes , les autres pivotantes ; celles-ci sont en bulbe ou en oignons , celles-là en tubercules... Je n'entreprendrai pas de les dénommer toutes ; ce serait un exposé fastidieux et qui ne convient qu'à un traité spécial sur la matière. L'on peut dire , avec fondement , que , sous terre et dans l'eau , il existe presque autant de merveilles qu'à la surface même du globe. Il y a des racines de formes si bizarres , que nos pères leur ont attribué, pendant long-temps , des vertus que la superstition seule pouvait engendrer. Qui ne se rappelle la mandragore , dont les racines bifurquées, se prêtaient au charlatanisme des empiriques qui cherchaient , à l'aide d'accessoires apposés de main d'homme , à persuader que le corps humain s'y trouvait représenté ! Beaucoup de racines, employées en pharmacie, ont des odeurs aromatiques, ou possèdent des qualités médicinales bien connues.

Chose singulière ! nous retrouvons dans certains fruits, ou dans certaines racines, des odeurs analogues à celles de plusieurs fleurs; d'autres répandent des émanations que l'on peut comparer à celles des animaux. Ainsi, la *racine d'iris germanica*, l'*orchis sambucina* répandent une odeur de sureau. L'*iris fœtidissima* sent le *gigot*, la racine de *cathaire*, qui cause des vertiges aux chats, infecte la fiente de cet animal. Certaines fleurs exhalent aussi des parfums peu agréables et qui copient parfaitement celles de quadrupèdes ou de diverses substances animales; ainsi, le *loroglosse bouc* répand une odeur de bouc insupportable; un *chénopode*, bien connu des botanistes, sent très-mauvais (1); les *cestreaux* qui, alter-

(1) M. Bory de St-Vincent, dans une excursion en Morée, voulut poser sa tente un matin pour déjeûner. Il avait, sans le savoir, foulé aux pieds un

nativement, sentent bon le jour et mauvais la nuit ; l'*arum crinitum* qui répand des exhalaisons de viandes gâtées, qui font fuir au loin et qui, trompant les mouches bleues, les porte à déposer leurs œufs sur ses feuilles ; la *pezize impudique*, champignon bien nommé, etc. La *fraxinelle* a des racines qui sentent le bouc de la Haute-Egypte, dont l'odeur est extrêmement forte. L'ognon de la *fritillaire* sent fortement l'ail. Je pourrais multiplier les citations, mais à côté de ces singuliers végétaux, je me hâte de dire que nous en avons d'autres dont le feuillage odorant a le privilège de nous charmer, en nous rappelant, avec les *géranium* cultivés, la rose, la vanille et divers parfums bien connus. L'*acorus odorant* dont les racines préservent les pelleteries des attaques des insectes, est encore une plante précieuse.

groupe de cette *redoutable plante*. Il nous a laissé par ses imprécations de touriste contrarié, une idée des sensations peu agréables que lui fit éprouver ce *chenopode*, le plus ingrat du genre !

Ne semble-t-il pas, après tous ces exemples, que la nature se soit appliquée à se
copier partout ! Si nous portons nos yeux
sur le règne animal, cette vérité apparaît
plus réelle encore ; et sans citer ici une variété *très-singulière* de coco (1), ni la *glaciale*,
plante curieuse, chargée de vésicules d'eau
transparentes et imitant la glace, nous aurons la courge ovifère ; la plante qui pond,
ou *solanum ovigerum;* un grand nombre
d'*orchidées*, dont les fleurs imitent des insectes et même le corps de l'homme, tels
que les *ophris-homme ;* o. *porte-insecte ;* o.
mouche ; o. *abeille ;* o. *araignée;* l'orchis,
aux racines qui figurent des pattes de taupe
ou de grenouille ; le *boramet de Tartarie*
rappelant une tête d'agneau (2). J'ajouterai
qu'il est bien d'autres plantes et animaux
qui nous rappellent en tout ou en partie
des phénomènes de l'organisation humaine.

(1) Bernardin de Saint-Pierre, *Voyage à l'Ile de
France.*

(2) Scaliger II, *Exercitatio*, 181, p. 157.

5

La *scolopendre*, qu'on trouve dans les haies et quelquefois sur des troncs d'arbres étêtés, a été ainsi nommée parce que ses longues feuilles luisantes portent au-dessous des fructifications qui imitent la *scolopendre*, espèce d'insecte aux mille pieds.

Il existe à la Nouvelle-Zélande une chenille qui tient de la plante et de l'animal; pour l'ordinaire, elle éclot en papillon, mais souvent aussi, au moment de se chrysalider, elle prend une maladie, se durcit au point de devenir cassante; et ce changement de nature qu'elle subit étant sur la terre, fait qu'elle pompe l'humidité du sol, et bientôt il croît sur son corps une plante parasite ou champignon, très-visible et fort curieux! Effet singulier! c'est la première fois qu'un semblable phénomène nous est révélé; d'ordinaire, la matière animale se décompose et se corrompt, puis tombe en poussière; ici, cette même matière donne naissance à une végétation cryptogamique.

VIII. — PHÉNOMÈNES VITAUX ET IRRITABILITÉ DE QUELQUES VÉGÉTAUX.

Les végétaux, lorsqu'on les considère d'une façon générale, nous semblent des êtres doués d'une sorte d'organisation animale, qui nous porte à leur assigner une assez large part dans les avantages dont la nature a pourvu les êtres animés. Les *végétaux vivent et croissent*, ils doivent donc posséder des caractères inhérens aux animaux. Seulement, placés après les minéraux et au second degré de l'échelle, ils ne possèdent qu'une force vitale proportionnelle et relative. Nous devons le dire encore, ce n'est que chez quelques-uns d'entre eux que nous remarquons des phénomènes puissans de vitalité.

En classant chaque règne avec méthode, nous trouvons un commencement incomplet, un milieu plus achevé et un sommet parfait ; et l'on peut facilement observer une gradation sensible du sommet de chaque règne avec la base de celui qui lui correspond. Ainsi, nous voyons dans les minéraux des formations qui se rapprochent du végétal, par exemple: l'*asbeste* filamenteux, vulgairement appelé *amiante*; dans les végétaux, des plantes animales, les *conferves*; dans les insectes, de très-gros papillons, se rapprochant de l'oiseau, et surtout le sphinx *atropos*, qui donne des signes de douleur et qui paraît être la transition de l'insecte à l'oiseau; dans les eaux, le *poisson volant*; des quadrupèdes, grossièrement organisés, qui se rapprochent du singe; puis enfin, dans ce même genre, l'orang-outang, qui très-voisin de l'homme, l'imite et vit dans son intérieur avec un maintien assez analogue (1).

Feuilles. — Dans les végétaux, les phénomènes animés apparaissent tantôt dans les *feuilles*, tantôt dans les tiges, et quelquefois aussi dans les organes de la floraison. Ainsi, la grande famille des légumineuses, dans laquelle on compte des plantes et de

____

(1) J'en parlerai en son lieu avec plus de détails.

grands arbres, porte des *feuilles* composées de folioles qui s'abaissent la nuit et se relèvent le jour. Ce n'est pas l'absence seule de la lumière qui produit cet effet, car si le temps annonce l'orage, ou si la pluie tombe avec force, chacune des folioles qui compose la feuille des *acacias*, par exemple, se replie sur celle qui lui correspond, et s'appuyant par le sommet, offre moins de prise à l'air et à la pluie. Le sommeil des plantes nous présente également une foule de phénomènes analogues et mérite de fixer notre attention.

Indépendamment de ces mouvemens produits par le changement du jour ou de l'atmosphère, les feuilles sont aussi douées d'une irritabilité que l'on provoque et fait naître à volonté. Le *Dionée attrape-mouche* en est un exemple frappant : lorsqu'une mouche se pose sur l'une de ses feuilles, celle-ci qui porte des dentelures, se replie rapidement sur elle-même et ses dentelures s'entre-croisant, tiennent la mouche captive. Plus l'insecte s'agite et plus la résistance dure ; ce n'est qu'à la fin , quand l'insecte épuisé s'arrête, que la feuille reprend sa position naturelle. Les *Drosera rotundifolia* et *Angusti folia* , qui croissent aux environs de Paris, ferment leurs feuilles comme des bourses, ce qui fait qu'on les a comparées aussi au *Dionée*.

Mais de tous les végétaux, l'*hedisarum gyrans*, espèce de sainfoin du Bengale , offre le spectacle le plus remarquable. Ses feuilles sont composées de trois folioles ; la plus grande, qui est terminale, exécute un faible mouvement sur son articulation, et les deux latérales ont un double mouvement, l'un de bascule de haut en bas, l'autre de tension en se rapprochant ou s'éloignant de la grande foliole ; tout en présentant de fréquentes irrégularités, cette agitation ne cesse jamais, lors même que la *feuille est détachée de la plante*.

La sensitive, *mimosa pudica*, justifie admirablement son nom. Au moindre attouchement, ses feuilles s'affaissent ; l'ombre même d'un nuage qui passe sur le soleil, suffit pour la mettre en action. Ses feuilles se ferment la nuit et s'ouvrent le jour; enfermée dans une malle placée dans une chambre obscure, elle exécute les mêmes oscillations. Une secousse, une égratignure, la chaleur, le froid, agissent sur elle; c'est dans les articulations que réside cette faculté singulière : aussi, sont-elles bien plus sensibles que les autres parties de la plante.

Un jour qu'il pleuvait, je fus frappé du très-joli spectacle que m'offrit un *delphinium,* ou pied-d'alouette vivace; ses feuilles, par l'effet de l'humidité, se repliaient en l'air et formaient autant de godets où l'eau était retenue, puis se trouvant surchargées, laissaient échapper, par leur poids, une partie de leur contenu, qui se rétablissant insensiblement et chaque feuille alternant autour de la tige, versait son eau avec une régularité et un accord très-parfait. On eût dit réellement une roue hydraulique en mouvement. C'est ainsi qu'à chaque instant

la nature offre, à qui sait ouvrir l'œil,
quelque chose qui frappe et qui charme !

Tiges. — Pendant la nuit, les végétaux
semblent affecter des attitudes de repos : les
branches s'affaissent, les bouts de tiges
succombent, les arbres ou les plantes à
feuilles composées, c'est-à-dire dont la feuille
principale se compose de plusieurs autres
petites feuilles, présentent surtout ce phénomène dans toute son étendue. Je l'ai rappelé
plus haut. Dans plusieurs plantes dont les
feuilles sont différentes, comme dans la
glicine, le *houblon*, le *chèvre-feuille* des haies,
le bout des *tiges* grimpantes est recourbé
pendant la nuit; quelques plantes non grimpantes abaissent aussi leur sommet ; on est
tenté même de croire, à l'aspect tout particulier de quelques-unes d'entre elles, qu'elles
se flétrissent, et plusieurs fois, il m'est arrivé
de les toucher pour m'en assurer, bien que
je connusse l'effet du retour de la nuit sur
elles ; mais les branches recourbées étaient
fermes et se seraient rompues, si je les
avais redressées de vive force.

Dans les haricots, on s'aperçoit des approches de la nuit; leurs feuilles à trois lobes se replient sur elles-mêmes et restent ainsi jusqu'au soleil levant. Mais comme tout s'use avec le temps et comme la force vitale s'émousse avec l'âge, les vieilles feuilles ne reçoivent plus les mêmes impressions ! Telle est aussi l'image de notre existence. A chaque pas, la Providence n'a-t-elle pas placé la vie et la mort, comme pour nous rappeler à notre propre nature ! Les feuilles ont deux surfaces, organisées très-différemment. La partie de dessus qui est destinée à supporter les rayons solaires, est très-souvent lisse et n'a pas de pores comme en dessous. Cette dernière partie est criblée de petits trous qu'on appelle *stomates*, et qu'on croit destinés à aspirer les émanations de l'air ou de la terre; les feuilles, par conséquent, ont toujours la partie de dessous tournée vers le sol. Une plante singulière, l'*alstroëmère*, fait exception en apparence à cette règle, et ses feuilles tordues sont tournées

3*

sens dessus dessous ; chacun de se récrier que c'est là un fait contre -nature ! Un homme instruit répondra qu'on ne l'a jamais prise en défaut ! Mais, dira-t-on, la partie qui, dans les autres feuilles, est toujours tournée en dessus, est ici tournée en bas, et *vice versâ*, c'est un fait ! Oui, c'est un *fait*, mais regardez de plus près, et vous verrez que dans l'alstroëmère, les stomates, au lieu d'être dans la face de dessous de la feuille, se trouvent dans la partie de dessus, qui est tournée contre terre, ce qui rentre dans la règle générale. Voilà comme, en apparence, souvent nous nous laissons entraîner à critiquer la nature !

Les anciens ont eu quelque connaissance du mouvement des feuilles; car Pline cite un arbre que l'on voyait près de Memphis et dont les feuilles *ailées* s'abaissaient lorsqu'on les touchait. *Folia tactu cadunt et renascuntur,* dit-il. Si notre but était de passer en revue tout ce que le règne végétal nous montre de curieux en ce genre, nous pourrions nous étendre davantage ; mais nous voulons seulement en donner une idée, afin d'inspirer le désir et le goût de cette étude.

Fleurs. — Jusqu'ici nous avons constaté le degré de vitalité dont jouissent les plantes, dans leurs feuilles et dans leurs tiges. La *fleur*, étant la partie la plus perfectionnée des végétaux, devait être aussi la plus sensible et recéler les phénomènes les plus remarquables. La *fleur* du vinetier, *berberis vulgaris*, porte des étamines qui se replient toutes sur l'ovaire dès qu'on en touche la base : elles s'abaissent et se relèvent ainsi alternativement ; le même effet a lieu dans le *cactus opuntia*, le *sparmannia*. La *pariétaire* lance la poussière de ses étamines au moindre mouvement de l'air, ou dès qu'on les touche ; le *laurier de Perse* également (1). Comme le vinetier, les pistils

(1) La *pariétaire* contient du sel ; quand on la fait brûler sèche, elle crépite comme notre sel de cuisine. Maintenant qu'il est reconnu que le sel, administré au bétail, le maintient en santé et augmente son

du *martynia*, ceux de plusieurs bignones, des personnées, des cynarocéphales, ont un mouvement marqué. Dans les *fleurs* de la passion, les nigelles, les épilobes, les styles, se penchent vers les étamines, exécutant ainsi divers mouvemens d'irritabilité, qui indiquent une sorte d'instinct. Dans les *fleurs* penchées, les pistils perpendiculaires, ainsi que les étamines avant la formation de la graine, se relèvent dès qu'elle est fécondée, démontrant par là qu'ils n'ont plus besoin du secours de ces organes et que le bienfait du soleil leur est nécessaire pour la mûrir. Les *lis martagon* nous offrent ce tableau, de même que les autres plantes à *fleurs* inclinées.

Le pois cultivé porte une *fleur* dont l'instinct est particulier. Le pétale le plus grand, qu'on nomme étendard, fait l'office de parapluie et d'abri, et s'il pleut ou si le vent règne avec force, cette *fleur* tour-

appétit, on va songer peut-être à semer des champs de *pariétaire;* ce serait une nourriture naturellement assaisonnée.

nera toujours son grand pétale, pour abri-
ter la petite gousse de la pluie et du vent.
C'est dans le pétiole de la *fleur*, sans doute,
que réside l'irritabilité qui s'exerce au
moindre signe d'orage ! Quel beau spectacle que de voir une simple plante montrer
un discernement et une adresse qui n'éton-
neraient pas dans un être mieux organisé,
mais qui doit surprendre beaucoup dans
un végétal ! Grâce à cette structure particulière, les légumineuses fructifient très-
facilement.

L'élychrise à bractées, sorte d'*immortelle*
à fleurs jaune-doré, solitaires, offre un
autre genre de contraction : plongées dans
l'eau, ses fleurs sèches, épanouies, se
referment aussitôt, puis s'ouvrent d'elles-
mêmes à mesure que l'eau se dessèche.
Voilà donc une plante qui a conservé sa
vitalité, quoique étant cueillie et desséchée ;
mais, il faut le dire, c'est là un effet phy-
sique particulier aux pétales.

Le naturaliste *Hill* et plusieurs autres
n'ont vu, dans les divers phénomènes vi-

taux des plantes, qu'une plus ou moins grande obéissance aux lois de la mécanique. M. du Trochet, auquel nous devons de belles recherches sur les végétaux, croit que la lumière est l'agent dans l'influence duquel les plantes puisent le renouvellement de leur *motilité*. Mais l'expérience a démontré le contraire, et la sensitive renfermée dans une malle est l'argument qu'on oppose.

Nous préférons penser avec le savant professeur de botanique *Desfontaine*, que tous ces mouvemens sont un effet de la vie et de l'organisation des plantes, et qu'ils établissent la plus grande analogie entre celles-ci et les animaux. Cette explication rentre complètement dans notre manière de voir, et nous avons dit que tout se liant dans la nature sans brusquerie et sans interruption, le règne végétal devait contenir des êtres assez organisés pour se rapprocher de l'animal le moins favorablement doué.

Les végétaux les plus *irritables* ont donc été créés avec ces facultés que les agens extérieurs mettent en mouvement. Ce n'est pas là un pur mécanisme. « Ce serait une erreur, dit M. Mérat (1), de l'attribuer aux influences atmosphériques, car les animaux sont soumis à ces influences, auxquelles cependant on n'attribua jamais les mouvemens qu'ils exécutent, mais bien à un principe vital, moteur de leur organisation. Il en est de même des plantes. »

Oui, il est permis de le regretter, tous ces phénomènes des végétaux sont très-peu connus. Que de charmes ils nous apporteraient cependant, si l'étude de la nature nous était plus familière ! Et qui empêcherait qu'elle ne le fût pour tous, si on avait la sagesse de la faire entrer pour *moitié au moins* dans notre éducation !

Combien les hommes seraient meilleurs et moins désœuvrés ! Nous converserions ainsi avec une foule d'objets, bien dignes, par leur admirable structure, d'exciter notre attention. L'homme, ravi aux inté-

____

(1) *Elémens de botanique*. p. 88.

rêts matériels, se policerait davantage ; les
rapports sociaux y gagneraient beaucoup !
Qu'on en juge par l'aménité qu'on trouve
toujours dans les savans, par le charme
qu'on éprouve autour d'eux et par l'abandon agréable de leur entretien !.... Voyez
comme partout l'homme instruit sait atti-
rer à lui et comme on aime à l'entendre !
Comme les oreilles s'ouvrent au récit de
ces curieux spectacles de la nature ! L'attrait que nous y trouvons n'est-il pas l'in-
dice infaillible que nous sommes nés pour
y participer et pour les comprendre ! Quelle
faute donc que de nous isoler ainsi, dès
l'enfance, de notre mère commune !

IX. — REPRODUCTION DES VÉGÉTAUX.

Avant que le célèbre *Linné* eût établi son
système sexuel des plantes, on niait leur
fécondation mutuelle. Des botanistes in-
struits, mais peu observateurs, ne pou-
vaient admettre dans les végétaux un genre
de reproduction qu'ils ne comprenaient
pas. Les belles expériences du naturaliste

suédois ne permirent plus le doute. Il isola une plante femelle de la plante mâle, et la première resta stérile; il ne féconda qu'une portion d'ovaire dans une autre, et cette portion seule produisit une graine. Il y a mieux, un palmier femelle était resté stérile et isolé depuis son introduction dans un jardin; tout-à-coup ce palmier devint fécond, et Linné soutint que nécessairement un palmier mâle devait se trouver à portée de fournir la poussière de ses étamines ! Ce fait vérifié vint confirmer l'opinion du savant naturaliste. Aujourd'hui, les horticulteurs, par le mélange des poussières fécondantes des plantes ou des arbres du même genre, obtiennent à l'infini des variétés nouvelles de fleurs ou de fruits. On peut même dire qu'on ne sait où pourra s'arrêter ce luxe de productions. Mais qu'on se garde de voir là rien d'extraordinaire ou de très-durable ! Les espèces seules se conservent indéfiniment; les variétés, au contraire, disparaissent avec la plus grande facilité ou finissent par s'abâtardir, au point de se voir désertées, car ce que l'homme de sa main débile parvient à tirer du néant y rentre bientôt pour jamais. Ai-je besoin de rappeler ici, pour me faire comprendre, combien de variétés nouvelles dans les roses, les dahlias, les œillets, n'ont paru qu'un instant ! Est-il nécessaire même que je fasse remarquer que nos légumes domestiques ont tous leurs types à l'état sauvage, et que pour peu que nous cessions de les cultiver avec soin, ils y rentrent bien vite ! Les moyens, à l'aide desquels on obtient des variétés, sont artificiels, et, par conséquent, ont peu de vertu pour conserver ces mêmes variétés. Les fécondations naturelles sont au contraire toujours constantes, et si on croit avoir remarqué quelques variétés dans la nature (1), c'est une exception bien rare, et nous ajouterons encore que trop souvent

(1) M. F. F. Chevalier, dans sa flore des environs de Paris, n'hésite pas à admettre un certain nombre de variétés nouvelles.

les botanistes se laissent aller à saluer comme variété une plante qu'un accident de terrain ou toute autre cause inconnue a pu faire dévier un peu des habitudes du type admis ; je dois dire encore que ces variétés-là ne conservent pas leurs caractères partout.

Mon but n'est point ici d'expliquer minutieusement comment la nature procède dans la propagation des végétaux par la fécondation ; j'ai seulement voulu donner un aperçu rapide, *indispensable*, de ce mode de reproduction. Il y a des plantes qui portent des fleurs bisexuelles ; d'autres qui n'ont qu'un sexe ; sur d'autres encore on voit des fleurs mâles ou femelles, mais séparées sur des individus distincts. La connaissance de ces curieuses conformations est souvent très-utile en horticulture ; faute d'y être initiés, j'ai vu des jardiniers qui, loin de s'en douter, cultivaient des bordures de fraises toujours stériles, n'étant composées que de fleurs mâles. L'espèce de fraise, appelée *caperon musqué*, a une forte tendance à devenir stérile ; les mâles (1) sont tellement envahisseurs, que si on n'a le soin d'en extirper beaucoup, ils finissent par se rendre seuls maîtres de la place. Comme on le voit, il est beaucoup plus utile de cultiver des fraises dont les fleurs sont complètes. Il arrive aussi fréquemment que, dans les végétaux pareils au *caperon*, telle plante femelle sera éloignée de la plante mâle ; alors si l'air n'apporte pas jusqu'à elle la poussière des étamines, il n'y aura pas de fécondation possible. Mais le Créateur a doué les végétaux de tant d'attraction et de mystérieuses voies, que lors même que les plantes sont ainsi éloignées, l'air leur apporte souvent les émanations fécondantes qui leur sont nécessaires, et on ne se lasse pas d'admirer comment cette

(1) J'éprouve quelque embarras en parlant le langage botanique ; mais il faut pourtant se faire comprendre, et éviter d'être taxé d'obscurité par les gens spéciaux. Du reste, je ne vois rien d'aussi chaste que les amours des plantes, et Dieu leur a dit comme à nous : *Croissez et multipliez.*

poussière aussi fine et aussi légère peut arriver jusqu'à eux ! Voyez au printemps le genevrier mâle, comme il tient ses courts chatons prêts à lancer leur *pollen* à la moindre secousse ! et dès qu'on l'agite, quel nuage de poussière en surgit bientôt ! Il en sort tant, en effet, qu'au premier abord on suppose que cet arbuste a été couvert de quelque poussière terreuse du voisinage ! Quand on a vu ce phénomène de ses propres yeux, on comprend alors comment une si grande quantité de matière fécondante peut réussir à rencontrer d'autres plantes éloignées.

Cependant, il est peu de végétaux qui soient aussi richement pourvus dans leurs étamines ; mais toutes cependant en possèdent assez pour remplir le but de la nature.

Le *noyer,* qui d'ordinaire porte des chatons mâles au-dessus des fleurs femelles, destinés à produire la noix, présente quelquefois une anomalie singulière. J'ai vu un arbre de cette espèce qui n'avait pas de chatons, mais seulement des noix ou fleurs femelles; comme il était très-voisin d'autres noyers complétement organisés, il portait toujours des noix. J'ai eu de semis une variété semblable qui donne des noix sans avoir porté de chatons. J'ai semé ces mêmes noix, afin de m'assurer si elles pousseraient, et j'ai obtenu un noyer qui n'a pas encore fructifié; j'ai détruit le pied-mère par une circonstance forcée, mais il ne m'était plus utile au point de vue de la science, puisque j'avais déjà constaté la présence ailleurs d'un individu semblable. Le fruit, obtenu sur mon noyer de semis, avait certainement été fécondé, car la noix a mûri et a poussé en terre; je ne saurais émettre une autre opinion. Cependant, il y a des exceptions aux règles les mieux établies; *Camerarius* et *Spallanzani* ont observé que le chanvre femelle, entièrement isolé des plantes mâles, porte des semences fécondes; l'épinard de jardin présente la même chose. Je ne pousserai pas plus loin les réflexions à ce sujet. Mais comment mon arbre a-t-il été fécondé? Les noyers les plus près voisins se trouvaient à trois ou quatre cents pas de là, et la poussière de leurs chatons est peu abondante, ou tout au moins très-peu visible ! Elle est parvenue cependant jusqu'aux trois ou quatre noix de mon jeune arbre.

Le melon nous présente encore un fait singulier et dont j'ai plus d'une fois profité. On sait qu'il a sur la même plante des fleurs mâles et des fleurs femelles, portées par des tiges différentes ; sur quelques variétés, il se trouve encore une troisième espèce de fleurs, c'est-à-dire des fleurs hermaphrodites ou qui réunissent les deux sexes ; les étamines, très-courtes, s'épanouissent directement sur le stigmate de l'ovaire ; et, comme on le conçoit, celui-ci est facilement impressionné. Le melon est sujet, en général, à voir couler ses premiers fruits par défaut de fécondation ; dans la variété dont je viens de parler, ces premiers fruits nouent au contraire très-facilement ; et si nos jardiniers s'appliquaient à cultiver de préférence les variétés de cette nature, ils en seraient largement récompensés par des melons qui noueraient de bonne heure.

Comment se reproduisent les *lichens* et les *mousses*? Quelques-unes de ces plantes portent des *utricules* que l'on croit contenir de la graine; mais il est un grand nombre de ces mousses qu'on aperçoit à peine à l'œil nu; d'autres viennent sur la pierre même et ne sont, pour ainsi dire, qu'une *teinte* sur ces corps durs. Comment, dès-lors, croire que là se trouve aussi une graine qu'on ne peut qualifier, quand la plante elle-même n'est déjà qu'une poussière!

Admettons ici une végétation spontanée, qui se montre quand un corps *s'altère*. Ainsi, dans l'eau croupie naissent les animalcules; on ne les voyait pas dans l'eau claire. Ainsi, sur le bois mort et humide, paraît la moisissure; et, disons-le, ce principe d'altération est si pénétrant, si fortement empreint dans les objets qui en sont atteints, que la préhension seule, quoique très-courte, suffit pour en infecter les mains, malgré plusieurs lotions répétées. Rien n'est aussi destructeur que la moisissure; elle ne lâche plus sa proie, et bientôt cet agent, si imperceptible et pourtant si fort, a raison des corps les plus gros ou les plus durs.

La mousse recherche le frais, l'exposition du nord lui est très-favorable; aussi dans les contrées où, comme dans la Bresse, on clot les champs par des fossés, le côté du nord est toujours remarquable par la mousse qui le tapisse; c'est une boussole fort utile.

Toutes ces observations s'appliquent jusqu'ici aux végétaux qui naissent à la surface du sol; mais il est des plantes dont les fleurs sont submergées et qui, cependant, portent des graines comme les autres. La nature n'est jamais prise en défaut, on va le voir; et plus nous pénétrons dans ses mystères, plus notre admiration doit grandir. La *vallisneria spiralis,* qui croît au fond des eaux, porte des fleurs mâles sur

3**

un pédicelle court, terminé en un *spadix*, muni d'une *spathe* (1) à deux ou quatre lobes profond ; autour de cette tige, elles se réunissent en une petite tête arrondie, de couleur blanche ; chacune d'elles, qui est fort petite, présente un calice à trois lobes et deux étamines. Les fleurs femelles sont, au contraire, toujours solitaires au haut d'un pédicelle filiforme roulé en spirale et plus long que les feuilles. On se demande comment va s'opérer la fécondation avec des dispositions pareilles, puisque les fleurs sont submergées ? La fleur femelle, quand elle doit éclore, monte à la surface de l'eau au moyen de son pédicelle en spirale, puis la fleur mâle ne pouvant l'atteindre, se détache de sa tige et, devenue libre, elle surnage à côté de la fleur femelle qui, bientôt se fermant, rentre dans l'eau où ses graines mûrissent désormais à l'abri de toute des-

(1) Le *spadix*, la *spathe*, se voient dans l'*Arum*, au Pied-de-veau, plante printannière que chacun doit connaître ; elle produit de jolies graines écarlates, disposées en pompon.

truction. Quel instinct et quelle admirable structure ! Cette plante intéressante est rare pourtant , comme si la nature avait voulu priver nos yeux d'un spectacle aussi extraordinaire. Je m'étonnerai certainement à bon droit que tous les jardins botaniques, les établissemens publics où se trouvent des pièces d'eau , n'aient pas donné asile à cette belle *vallisnérie*. Elle est si rare , qu'il semble qu'elle ait voulu nous fuir. Nous indiquerons toutefois qu'on l'a trouvée dans la Seine , près de Mantes. Si elle vivait près de moi , j'en aurai bientôt peuplé toutes mes eaux disponibles.

Après avoir mentionné cette plante vraiment extraordinaire, et où l'intelligence semble liée à la vie , nous ne chercherons pas à en citer d'autres. Nous laissons ceux qui nous lisent sous l'agréable impression qu'ils auront ressentie. Nous ajouterons que la nature nous cache sans doute beaucoup d'autres mystères qui charmeraient aussi nos regards et qui exciteraient encore notre admiration profonde. Car, à mesure que les connaissances humaines s'étendent, nos richesses naturelles s'augmentent en proportion, et toujours c'est un triomphe nouveau pour le Créateur.

Des végétaux, tels que la *vallisneria spiralis* et l'*hedisarum gyrans*, nous autorisent à les regarder comme servant d'intermédiaire entre la plante et l'insecte. Les *conferves*, dont quelques-unes ne sont qu'un composé gélatineux dans lequel se meuvent des myriades d'infusoires, s'y prêtent d'avantage encore! Jadis on aimait le merveilleux; les personnes elles-mêmes qui s'occupaient d'histoire naturelle cédaient facilement aux impressions de leur imagination, admettant des causes surnaturelles pour expliquer des phénomènes très-simples que leur esprit ne comprenait pas. Mais, de nos jours, l'état de la science nous met à même de juger mieux de ce qui se passe sous nos yeux.

Voici ce que rapporte M. Turpin, botaniste distingué; on se convaincra par son récit qu'il existe des phénomènes surprenans dans le règne végétal, qui pourraient, à bon droit, égarer bien des esprits crédules :

« 1° On voit des embryons naissant naturellement et constamment sur les feuilles attachées à la plante-mère, et sans excitation extraordinaire. Dans le sinus des dentelures qui bordent les feuilles du *bryophillum calycinum*, on voit des embryons foliacés munis de petites radicelles latérales qui se reproduisent en tombant sur le sol.

« Dans l'aisselle des folioles et du pétiole commun des feuilles isolées de plusieurs espèces de *phyllantus*, il se développe des fleurs auxquelles succèdent des **fruits** et des embryons reproducteurs. Il en est à peu près de même sur la nervure médiane de la feuille simple du *dulongia acuminata* (1).

(1) Sur un chou violet, à haute tige, j'ai vu se développer sur la nervure médiane supérieure d'une feuille, un autre chou très-caractérisé. Ce fait prouve qu'une feuille de chou n'est, au besoin, que le chou lui-même, et qu'elle est composée des mêmes élémens. Du reste, quand une feuille bouturée re-

3***

« Dans d'autres cas, c'est un bourgeon embryonnaire partant directement de la nervure de la surface inférieure de la feuille qui s'y développe en plantule et qui, comme une sorte de parasite attaché à la feuille-mère, pousse de sa base extrême des racines et se termine par une fructification. Cela se voit quelquefois dans les feuilles du *cardamine pratensis* ou du *drosera intermedia*.

« Un assez grand nombre de fougères, parmi lesquelles se trouve l'*asplenium rhisophyllum*, portent des feuilles dont l'extrémité de la nervure médiane de la feuille simple donne lieu à des radicelles en se courbant et en touchant le sol. »

« 2° Des tiges sont encore produites par le développement d'abord intestinal des globulins contenus dans les vésicules du tissu cellulaire en embryons reproducteurs de l'espèce. Cet exemple est plus fréquent dans les végétaux monocotylédonés que

produit la plante qui l'a fournie, c'est la même chose qui arrive, et quelques plantes sont dans ce cas.

dans les dicotylédonés , sur les feuilles de l'*eucomis regia, fritillaria imperialis, ornithogallum thyrsoïdes , malaxis paludosa.*

« L'ognon est un véritable bourgeon, composé d'une tige abrégée , déprimée en plateau et tronquée inférieurement par décomposition des radicelles latérales et de ses feuilles charnues et engainantes. Si on coupe en travers la presque totalité d'un ognon de jacinthe et qu'on l'abandonne à l'air sur une planche, on voit, quelques mois après, naître sur la partie coupée, sur la tranche inférieure ou supérieure de ces feuilles surexcitées, une foule de bulbilles reproducteurs de l'espèce (1). »

Graines et fruits. — Je voudrais parler de ce mode de reproduction des végétaux, mais, chaque jour, nous sommes témoins de la formation des graines et des fruits ; un grand nombre sert à notre nourriture. Seulement, ce qu'il importe de faire remarquer, c'est la diversité et la structure

(1) Voir le *Temps* du 23 octobre 1839.

de ces organes reproducteurs. J'ai déjà donné quelques notions sur ce point, je n'y reviendrai qu'indirectement. Ce n'est pas un cours de botanique que je fais, mais bien un discours sur l'ensemble de la structure végétale. Une collection de graines des végétaux des cinq parties du monde offrirait le coup-d'œil le plus attrayant et le plus beau. Il y a sous l'équateur, en Afrique et en Asie, des graines qui ont un éclat vraiment enchanteur. Cette belle partie du règne végétal, recueillie en nature pour les fruits et grains qui se conservent intacts, moulée en cire pour ceux qui s'altèrent, et rangée méthodiquement dans un musée, attirerait tous les regards et offrirait une riche moisson d'études. Déjà le *museum*, à Paris, nous présente un commencement dans ce genre, et il est facile d'apprécier par là le parti qu'on pourrait en tirer. Mais cela demande beaucoup d'espace. Je dirai un mot de la conservation des graines et de la fécondité extrême de quelques plantes ; puis un coup-d'œil jeté sur les fruits terminera ce chapitre.

La nature a doué les graines d'une longue vie germinative, surtout dans quelques espèces. La graine de quelques plantes se conserve moins ; il en est de même surtout dans les espèces qui produisent une grande quantité de graines, telles que les *cucurbitacées*, les *papavéracées*, parce qu'une seule de ces plantes suffit pour couvrir bientôt par ses semis une certaine étendue de terrain. Indépendamment de ces moyens, nous avons vu que pour conserver aux plantes aquatiques une existence continue, la nature leur a donné une sorte d'instinct qui leur sert à préserver leur graine ou à la placer au fond de l'eau. Ainsi, l'*hedysarum gyrans*, le *nénuphar*, mûrissent leurs graines dans l'eau où elles se sèment naturellement. Le *trèfle de terre* a des graines hors du sol et d'autres qui s'*achèvent en terre même*, et de la sorte elles sont toutes semées. Cette plante, au rebours de beaucoup d'autres, est naturellement organisée pour vivre sur place et s'écarter peu ; elle justifie parfaitement son nom de *T. subterraneum*;

l'*amphicarpa*, cache aussi ses semences en terre. Il est bon d'observer, ce qui rentrera dans ce que je viens de dire, que ces deux plantes, l'une surtout, n'abondent point dans toutes les eaux : à côté de celles-ci, les *massettes*, les *laiches*, les *carex*, pullulent sans peine.

L'*arachide*, ou *pistache de terre*, ressemble au trèfle dont je viens de parler. Ses gousses s'enfoncent dans le sol après la floraison, et elle y mûrit sa graine. Elle est néanmoins facile à extraire, et, dans le midi, on en fait de l'huile bonne à manger. Ne devrait-on pas utiliser mieux cette plante singulière qui tient réellement le milieu entre le végétal qui mûrit sa graine hors terre, comme les haricots et dans le sol comme les plantes à tubercules ? La récolte de celle-ci n'a rien à craindre des saisons, de la grêle, ou de la pourriture.

Les graines oléifères, comme les *papaveracées*, les *crucifères*, les graines de fruits à noyaux, rancissent assez promptement ; cependant les *choux* germent encore au bout de dix ans. Mais qu'est-ce que cela auprès des graines qui conservent leurs facultés physiques pendant soixante ans , comme le *haricot;* pendant cent ans, comme la *sensitive !*

Il me reste à dire un mot de la fécondité prodigieuse de quelques plantes. On connaît la quantité de grains fournis par un *concombre,* une *courge,* un *melon;* mais ceci n'est rien auprès des végétaux suivans : une *vigne* a produit 4,206 grappes en 1731 ; une seule plante d'*aunée* a donné 3,000 graines ; un *soleil,* 4,000 ; le *pavot,* 32,000 ; le *tabac,* 40,320. Ces calculs, fournis par Linné, sont certains.

Quand les graines sont privées d'air, elles se conservent indéfiniment. Cependant, sans l'explication des effets pneumatiques, on ne saurait comment rendre compte de l'apparition de certains végétaux, là où on n'en rencontre pas de pareils (1).

(1) A moins que l'on admette les créations spontanées.

C'est ainsi qu'on peut expliquer l'apparition du *sisimbrium irio*, qui se montra tout-à-coup parmi les démolitions d'une vieille tour. Il n'y avait aucune de ces plantes dans la contrée; mais apportée sans doute avec le sable qui servit à construire l'édifice, la graine s'était conservée dans le ciment et s'était mise à germer dès qu'elle avait senti le grand air.

Quelques graines lèvent au bout de deux jours, comme le *cresson-alénois*; de trois jours, comme le *haricot*, le *navet*, l'*épinard*. Les autres restent quelquefois deux ans avant de paraître, par exemple, les *noyaux de pêche*.

Nous le répétons, il existe des plantes qui se rapprochent du règne animal par leur genre de structure, telles que plusieurs *conferves marines*, qui sont à l'état de gelée, et qu'un naturaliste moderne regarde comme étant composées d'infusoires, ou petits êtres microscopiques; c'est bien là le passage de la plante à l'état animal; toutefois, ce serait par le côté matériel que ce lien s'y rattacherait. D'autres végétaux plus caractérisés, comme l'*hedysarum*, les *légumineuses*, la *sensitive*, ont un organisme ou système de vitalité plus parfait, et se rapprochent encore par là des animaux.

Les fruits et les graines devaient nous offrir aussi quelque chose de semblable; ainsi nous voyons, dans la famille des plantes à graines sèches, d'autres plantes qui ont cependant des graines charnues imitant des fruits. Par exemple, l'*ansérine* ou *chenopodium*, qui nourrit le long de ses tiges de petites baies tendres et rouges comme des fraises; le *trèfle-porte-fraise* a également des graines en fruits rouges qui ressemblent à de grosses fraises et à des framboises.

Ces plantes curieuses font partie de celles dont j'ai parlé plus haut et que la nature a choisie pour se recopier. On en pourrait trouver un grand nombre; mais c'est peu de les citer; afin de rendre la démonstration complète, il faudrait pouvoir en mettre le dessin sous les yeux du lecteur, et surtout il devrait être initié déjà pour en retirer quelque fruit, aux premières notions de la botanique.

X. — COMPENSATIONS ÉTABLIES PAR LA NATURE PARMI LES FRUITS.

La nature n'a rien fait en vain ; cette vérité, cent fois répétée, apparaît toujours plus applicable. Elle a doué les êtres organisés de facultés diverses ; à ceux-ci la force, à ceux-là des formes gracieuses. Dans le règne végétal, il devait en être de même ; telle plante est haute et grande, sa fleur a peu d'éclat ; celle - ci, plus petite, est au contraire embellie ; cette autre se cache dans l'herbe, son parfum la trahit et nous fait descendre jusqu'à elle pour la rechercher. Ainsi les grands arbres sont très-rarement doués, en Europe du moins, de floraisons brillantes, tandis qu'une foule d'arbrisseaux et de simples plantes se font admirer par leur beauté.

Telle plante, dont la vie est courte,

brillera par sa fleur; le cyprès, le cèdre, le baobab, qui voient les siècles s'entasser sur leur tête, n'ont rien de beau que leur port et leur volume énorme qui commande notre admiration.

Partout il y a des compensations; nous le pensions déjà avant l'ouvrage d'*Azaïs*; mais le premier il a su l'exprimer et l'établir en système. La femme, qui est faible, a la beauté pour se faire rechercher tout comme ces végétaux pleins d'éclat qui restent petits et délicats. La femme et les fleurs sont deux images qui se complètent mutuellement; et la fleur délicate est l'emblème de la première.

Examinez ces climats divers pour chaque partie du globe : partout ce sont des transitions du froid au chaud, ou des chaleurs accablantes, ou des froids excessifs; nos zônes tempérées, que sont-elles encore? une intermittence continuelle de froid, de chaud, ou d'humidité qui mine nos corps et hâte notre fin. Peu de contrées dans le globe ont une température égale. Ainsi le

midi a son mistral bien plus dangereux là
qu'il ne serait dans un pays moins chaud.
Les îles d'Hyères, où nos malades s'ache-
minent, sont tourmentées par ce même
mistral, très-pénible à supporter pour des
êtres souffrans. Partout, je le répète, on
voit une distribution incomplète de bien-
être, des contrariétés de température ou
bien des avantages contrebalancés. La Providence me semble évidemment avoir voulu
par là nous engager d'abord à rester où
nous sommes nés, ensuite nous faire apercevoir les désagrémens de la vie. Et comme
une vie toujours pleine de bien-être, de
santé, de bonheur, nous eût trop attachés à
l'existence qui n'a qu'un terme, nous fûmes
créés avec tous les maux qui accablent l'hu-
manité, avec un corps susceptible de s'user
peu à peu, et la foule des désenchantemens
est venue nous troubler encore.

Mais ce sujet me mènerait trop loin
si je devais le traiter à fond; ce peu de
lignes suffira pour expliquer comment on
arrive à un système de compensation végé-

tale. Il y a loin sans doute de ces considérations à de simples fruits et la transition
est un peu brusque ; cependant, je l'ai dit,
tout se lie dans la nature !

Dans chaque espèce de fruit, ce ne sont
pas les plus gros qui sont les meilleurs ; et
pourquoi ? parce que ces fruits là qui ont
végété avec vigueur, n'ont pas élaboré les
sucs de l'arbre avec autant d'avantage que
les fruits moyens ; je ne dis pas que *les petits,*
parce que c'est un autre extrême qui a ses
inconvéniens aussi (1).

Quand une espèce de fruit est grosse

(1) Qu'il soit pomme, poire, prune, cerise, quand
un fruit, du reste bien exposé au soleil, a subi un
frottement qui rende sa peau, en quelques parties,
rude et comme calleuse, on peut être certain qu'il
sera bon et sucré surtout. La nature, comme pour
remédier à l'avarie qu'il a éprouvée, s'est empressée
de lui apporter des sucs plus parfaits, ou bien c'est
le fruit ainsi endommagé qui s'est trouvé constitué
pour les élaborer mieux. J'ai fait cette expérience
chaque fois que l'occasion s'est présentée. Encore
une compensation : le solide vaut mieux que le
brillant.

d'ordinaire, je dis qu'elle ne vaudra jamais une autre espèce analogue, de plus petit volume. Ainsi, la *pomme du Canada*, qui est un très-gros fruit, ne pourra jamais être comparée, pour la finesse du goût et de l'eau, à la *reinette* d'abord, qui est un fruit moyen, mais même à l'*api*, qui produit les plus petits fruits que nous mangions. La *pomme du Canada* a la chair grossière; elle se pique facilement, dure peu et perd sa saveur, même en se conservant. L'*api*, au contraire, est toujours doux et croquant.

Partout, je vois la même chose; ainsi, dans les poiriers, mettrez-vous en comparaison les plus gros fruits avec les plus petits? Jamais le *cadillac*, la *poire-tonneau*, la *poire-livre*, et autres gros fruits à cuire seulement et bien loin de valoir, même étant cuits, une foule d'autres poires plus petites, ne pourront rivaliser avec le *rousselet de Rheims*, l'*échasséri*, l'*aurate*, l'*ognonnet*; et les *sept en gueule*, ces mirmidons de l'espèce, lorsqu'ils sont bien mûrs, sont si agréables, qu'on croque la poire entière sans la peler.

La pêche de *Troie* ou *avant-pêche*, la *pêche-cerise*, les plus petites de toutes, ne l'emportent-elles pas de beaucoup sur les *pavies* qui sont, à leur tour, les plus grosses? Comparez la *prune impériale*, la *grosse de Tours*, la *prune œuf*, au *périgon blanc*, à la *prune mirobolan* ou à la *mirabelle*, et vous avouerez le mérite de ces dernières !

Toutes les cerises cultivées, et surtout les plus grosses, ne valent pas, à mes yeux, certaines petites *guignes* sauvages de ma connaissance ; j'en sais une, jaune d'or, surtout, que je leur préfère et que tous les oiseaux du voisinage savent très-bien choisir comme moi parmi celles qui la touchent.

La *nèfle* des buissons, quand elle est bien cueillie à propos, l'emporte aussi, pour moi, sur cette grosse *nèfle* des jardins qui est plus fade et moins fine.

La petite *fraise* des champs, bien mûre et surtout cultivée en bon terrain, est préférée par tous ceux que je connais aux *ananas* très-gros de nos jardins, et surtout à la *wilmot*, qui n'a pas toutes les qualités de sa rivale. Les gros fruits ont donc le volume et l'éclat, mais les petits possèdent les qualités intérieures.

Si je cherche ailleurs, je retrouve toujours les mêmes lois. La *noix-greffe*, nom qu'on donne en Bresse à la plus petite de toutes, et qui est la plus difficile à émonder, a le grain plus fin, plus relevé que la grosse *noix à gand*, dite *de jauge*, qui n'a de bon et de beau que son volume; aussi voyez comme on la relègue, c'est à peine si on la cultive.

La *noisette sauvage*, bien mûre, est bien supérieure pour le goût à la grosse *aveline ronde* du commerce, dont l'amande est coriace et sans sucs.

Le *raisin de Corinthe* n'est-il pas cent fois plus délicieux que les plus gros raisins de l'espèce, tels que le gros *Malvoisie*, la *panse de Roquevert*, la *Ciotat*, le *cornichon* et le monstrueux *Decandolle*.

Les petits melons sucrins, le *cantaloup orange*, très-hâtif, ne sont-ils pas toujours bons, au dire même de tous ceux qui les cultivent, et bien meilleurs que les gros *cantaloups*, les *honfleur*, etc. Et ici je dois dire que j'ai mangé plusieurs fois des melons de vingt-deux et vingt-cinq livres, venus accidentellement à ce poids et volume, mais toujours leur chair m'a paru grossière, peu sucrée, enfin bien différente de celle des melons de cette même espèce, et plus petits d'ordinaire. Ici, le développement du fruit a été aux dépens de la qualité. La robuste constitution de sa chair, en harmonie avec sa dimension, ne pouvait être délicate et bonne; tout cela par une compensation qui me semble évidente. Ainsi, je pourrais multiplier mes citations, car partout on trouverait la même chose ! Je le répète, la nature a ainsi réparti les avantages, afin que chaque chose fût appréciée. Je l'ai dit en commençant, dans le règne animal, tout me semble organisé de la même manière. Si je voulais arriver tout d'un coup à ce qu'on voit parmi nous, ne trouverais-je pas mille exemples analogues! Que de fois ce qui est beau à l'extérieur nous a trompés sur le mérite du cœur, et combien l'âme s'est trouvée richement dotée dans des personnes peu favorisées par la nature sous le rapport des formes extérieures !

On voudra bien remarquer que, dans ce que je viens d'exposer, je ne me suis attaché qu'aux *extrêmes*, c'est-à-dire aux plus petits et aux plus gros des fruits existant ; là seulement est la différence bien tranchée. Quant aux fruits intermédiaires, il y a les bons et les mauvais ; cette alternative établit ce que nous apercevons d'ordinaire dans tous les justes-milieu possibles.

XI. — DURÉE DES VÉGÉTAUX.

Partout, dans la nature, nous voyons l'image de la vie et de la mort; tout être organisé ayant eu un commencement doit, par cela même, avoir une fin. Etrange destinée ! tout se succède ici-bas; tout rappelle à l'homme que s'il est le roi de la terre et la créature la plus parfaite, rien ne doit l'attacher trop fortement à l'existence, puisqu'autour de lui tout tombe et s'en va. Et pourtant ces faibles végétaux, qu'il considère à peine, sont plus immortels que lui et atteignent quelquefois un âge immense. Des *ifs* du comté de Surrey, qui existaient, à ce que l'on croit, du *temps de César*, ont six pieds de diamètre. M. Labillardière a mesuré, sur le Liban, des cèdres de neuf mètres de circonférence. On sait qu'un des fameux châtaigniers de l'Etna a près de cent cinquante pieds de tour, ce qui fait cinquante pieds de diamètre. Quel est donc l'âge de ces robustes végétaux, pour qu'ils aient pu atteindre de pareilles grosseurs ? Mais ce qui est plus prodigieux encore, et ce qui confond l'esprit humain, c'est l'âge fabuleux des *baobabs* du Sénégal et des Canaries, qui ont trente à trente-six pieds de diamètre, et à qui Adamson attribuait *cinq à six mille ans*. Trente-six pieds de diamètre, cela fait cent huit pieds de tour,

On sait que le fameux *cyprès distique* de Chapultopec, toujours existant, doit être plus vieux encore! Et l'homme qui se croit quelque chose!... que de générations se sont enfouies sous terre depuis que cet arbre la tient ombragée!

On estime que l'*écrevisse*, ce crustacé si commun et si frêle, vit cinquante ans; et le terme moyen de la vie de l'homme n'est que de trente à trente-cinq ans. Tous ces faits ne doivent-ils pas nous confondre et nous montrer le néant de la vie!

Les végétaux naissent et meurent, nous le voyons, mais les espèces se perdent-elles? de nouvelles apparaissent-elles spontanément? Voilà deux questions importantes et difficiles peut-être à résoudre. Nous allons les examiner rapidement, ne voulant pas les traiter ici avec tout le développement qu'elles exigent, car l'espace nous manque.

Dieu a créé le monde pour qu'il eût une durée limitée sans doute, mais cependant il a voulu qu'il eût le même aspect jusqu'au jour où il en ordonnerait autrement. Pour cela, les objets créés ne devaient pas périr, mais seulement se remplacer. Voilà pourquoi les végétaux et les animaux se multiplient et sont sujets à mourir, puis à renaître. Le naturaliste prudent et sage ne doit pas s'écarter des voies ainsi tracées, qui s'accordent au surplus et se lient à tout ce qui existe. Quel que soit l'aspect du globe et les révolutions diverses qu'il a pu subir à différentes époques, le texte de l'Écriture-Sainte peut très-bien s'accorder avec la science et ses découvertes. Nous devons imiter la sagesse du grand Cuvier qui s'abstint d'entrer trop avant dans les mystères de la création ; et si la nature lui révéla quelques-uns de ses secrets les plus intimes, il n'en abusa point pour aborder des vérités métaphysiquement établies. Honneur à son illustre mémoire !

Le Créateur a donc, suivant nous, pourvu le globe de ce qui devait l'embellir ; il a dit aux animaux et aux germes féconds des végétaux, en les confiant au sol : *Croissez et multipliez !* c'est dire qu'il a voulu que les espèces créées subsistassent toujours en se reproduisant sans cesse. Je l'ai rappelé déjà : ce n'est point parce que tel ou tel végétal nous semblera avoir disparu d'une localité quelconque, que nous devons en conclure que *l'espèce* en est perdue ! Qui vous dit qu'elle ne croit pas ailleurs ? Nous voyons, j'en conviens, des plantes isolées et fort délicates, très-exposées à s'éteindre pour jamais ; mais ici c'est le fait de l'homme qui occasione ces dangers ; car, livrées à elles - mêmes, ces plantes ne périraient point, la nature ayant pris soin des espèces en leur donnant à chacune la faculté de sauver et de garantir leurs moyens reproducteurs.

Quand on voit des végétaux se féconder mutuellement à des distances énormes, on doit comprendre, par ce fait qui tient du prodige, qu'il y a, dans les conditions de la vie naturelle, des effets puissans de conservation qui nous échappent. J'ai retrouvé des plantes graminées à la même place où on en avait enlevé dix-huit cents ans avant. Ce fait, que j'ai constaté en examinant des cendres provenant d'un bûcher romain et conservées dans une urne avec les racines graminées qui croissaient alors à la même place, prouve ce que j'avance; et si de simples plantes se perpétuent aussi bien en restant toujours les mêmes, si de semblables végétaux dont la vie est si courte, persistent autant, comment des arbres ne seraient-ils pas doués d'une persistance au moins aussi longue? et s'il en est ainsi, qui peut assigner un terme à leur durée!

Mais les espèces ne périssent pas. On a dit quelque part que certains arbres s'éteignaient par vétusté; que le *peuplier d'Italie*, par exemple, ne venait plus comme autrefois! et que c'est à la vétusté de l'espèce qu'il fallait l'attribuer. Etrange erreur! Comment, parce que dans un terrain épuisé ou de mauvaise nature, où vous le placerez, il végétera mal, vous direz que c'est l'âge du peuplier qui en est la cause! Mais regardez chez votre voisin, dans ses prés humides, dans ses champs fertiles ; allez dans l'Ain et dans plusieurs cantons de la Bresse, vous verrez des *peupliers d'Italie* dans toute leur splendeur. Ils poussent comme le premier jour ! Au surplus, pour être conséquent, le *peuplier d'Italie* étant originaire de la Lombardie, il faudrait prouver, non pas qu'il s'éteint en France, pays peut-être moins favorable pour lui, mais bien qu'en Italie même il offre les inconvéniens qu'on *prétend* lui trouver chez nous. Ce peuplier, dont l'espèce est si tranchée, a été introduit en Bresse il y a soixante-quinze ans (1). Si un laps de temps aussi minime était suffisant pour qu'on remarque *partout* des altérations sensibles dans la vigueur ordinaire de l'arbre et faire conclure à la vétusté de l'*espèce*, il faudrait dire que les plantes faibles durent plus long-temps que les grands arbres qui, proportion gardée, doivent vivre cent fois plus. Quant aux arbres forestiers indi-

(1) Varenne-Fenille, *Bois indigènes,* tom. Ier. Ce savant auteur pense que le peuplier d'Italie a été introduit en France en 1752.

qués, ils sont, à mes yeux, tels qu'ils ont été toujours, et on ne remarque aucune altération dans l'espèce. Pourquoi en serait-il autrement ailleurs?

Des observations faites sur les arbres à fruit ont porté plusieurs horticulteurs à penser que les variétés de ces fruits, résultat de semis divers, tendaient à vieillir et à s'éteindre tout-à-fait. Van-Mons, le savant pomologue, discourant sur les poiriers, croit aussi que les variétés s'en vont; et la fécondité des nouvelles espèces obtenues de semis et *régénérées*, ainsi qu'il l'admet, l'excite à conclure que cette fécondité et cette tenue de santé des arbres nouveaux à fruit, est le résultat de la jeunesse de ces variétés, et que l'âge est cause que les anciennes espèces sont chancreuses, sans vigueur et sans fécondité. Quelle que soit la grande autorité de Van-Mons, je ne saurais me ranger tout de suite à son opinion. Je crois que les faits viennent quelquefois la contredire.

Je ne conteste pas la fécondité des nouveaux fruits ; leur air de vigueur me frappe sans m'étonner. Mais prenons garde que *tous* les nouveaux fruits ne sont pas féconds au même degré ; déjà, de plusieurs côtés, on m'annonce que, dans un même jardin, ces espèces nouvelles ont des sujets qui *fructifient* peu ou qui *végètent* mal. Ceci me porte à dire que le sol influe beaucoup sur leur développement. Dès-lors la vigueur ne tient pas seulement à la nouveauté de la variété. Maintenant on ne saurait nier qu'une variété récente n'ait plus de santé qu'une autre qui est plus ancienne ; mais n'oublions pas que si nous apercevons là un végétal qui ait l'air de *commencer* et de *finir,* cela ne s'applique qu'à une *variété* et non pas à une *espèce.* A l'homme la *variété* qui s'éteint, à la nature l'*espèce* qui persiste ! Il y a des variétés naturelles, celles-là sont très-robustes ; les variétés accidentelles ou produites par l'homme dégénèrent plus facilement.

Mais voyons un peu jusqu'à quel point il est vrai que les anciens fruits s'en vont et s'ils donnent moins qu'autrefois : un seul fait qui contredit cette opinion doit suffire pour la rendre nulle, car ce qui s'est vu une fois peut se reproduire encore, la nature étant constante dans ses lois. On a pris pour exemple le *poirier* dit *beurré de Chaumontel*. C'est là, en effet, une de nos anciennes poires. On a dit quelque part : *Le bezy de Chaumontel ne peut déjà plus donner qu'un petit arbre qui périt aux moindres intempéries.* Voici comment je l'explique : Vous greffez de père en fils du Chaumontel, dont les greffes ont été prises sur des sujets maladifs ; ces sujets maladifs le sont devenus dans certains terrains seulement qui ont déterminé cet état débile ; puis vous avez propagé le mal par la greffe, en l'attribuant, à contre-sens, à l'âge du fruit. Quand vous prenez du vaccin sur le pis de la vache, vous inoculez le mal en le portant sur un sujet quelconque ; mais remarquez que vous ne pourriez inoculer le même mal en essayant de prendre du vaccin à la vache dont le pis serait dans un état normal.

Quelquefois le sujet du *coignassier* sera celui que vous aurez choisi pour greffer ; suivant Van-Mons, il est très-nuisible à la durée des variétés, et c'est sur cet arbre qu'on greffe presque toujours. Il aura pu encore être atteint lui-même de quelque maladie particulière, ou provenir déjà d'une souche infestée ; vous serez dans la même erreur en concluant également contre le *Chaumontel* que vous aurez placé dessus, si ce fruit réussit mal ; ainsi, avant de décrier la variété, constatons bien quelle peut être la cause de sa maladie.

Mais c'est aller trop loin que de prétendre que le *Chaumontel* ne pousse plus et ne fructifie pas comme autrefois. Placez-le dans un bon terrain, dans un jardin où il n'y ait pas eu des *poiriers* qui aient épuisé le sol de temps immémorial ; en un mot, dans un terrain neuf et défoncé, et vous aurez cet arbre aussi beau que jadis. Que si vous greffez ce même *poirier* sur franc, en le taillant comme à l'ordinaire, vous remarquerez encore mieux avec quelle vigueur il poussera, et quelle quantité de bons fruits il vous donnera! J'ai cet exemple-là chez moi. Direz-vous alors que l'*espèce* est trop vieille et qu'elle s'en va; cela serait que, regreffée sur franc plusieurs fois, elle participera de la force du sujet (1). Il est clair que si vous mettez vos arbres dans un terrain épuisé, le *coignassier*, qui a des racines très-faibles, ne trouvera pas, dans un sol appauvri par d'autres *coignassiers*, des sucs pour se nourrir; alors plus vous planterez de *poiriers nains* dans ce jardin et moins ils prospéreront. Dans un sol nou-

(1) Van-Mons dit, page 306, tome II : « La greffe domine le sujet et le sujet ne domine pas la greffe. » Et, page 314, il semble se contredire par ces mots : « Il est évident que le sujet influe sur la greffe, qu'il bonnifie ou malifie le fruit. » Laquelle croire de ces deux assertions. Je ne veux point ici surprendre en faute un savant aussi recommandable. Son livre est écrit à la hâte, il n'a pu le revoir, et je m'estime trop heureux de le posséder tel qu'il est. L'espace me manque pour examiner cette question. Cependant quand le *coignassier* rend *nain* un grand *poirier franc*, je crois que la greffe influe sur le sujet.

veau, ils viendraient vigoureusement, je l'ai *continuellement observé*. Si l'espèce ou la variété, si vous voulez, était trop vieille; si elle avait déjà en elle tous les germes d'une fin prochaine et inévitable, pensez-vous que les rameaux de cet arbre, transportés sur d'autres sujets sauvages, y viendraient mieux? Non; car un individu que sa fin altère ne saurait revivre que par un phénomène impossible. Or, si le *Chaumontel* est toujours vigoureux sur des sujets forts ou robustes, chose que j'atteste, il faut en tirer cette conséquence que la variété n'est pas trop *vieille*. Un fruit obtenu de semis dans un terrain très-fertile aura une constitution d'autant plus délicate et tendra d'autant plus promptement à s'abâtardir qu'il sera mal cultivé. Mais si le *Chaumontel* a été trouvé dans un bois, il doit être très-rustique, et ce serait assez déjà de ce fait caractéristique pour qu'on supposât qu'il ne doit pas vieillir encore.

Vous allez dire, peut-être : Mais, dans ce même jardin épuisé, si je place des espèces nouvelles, même sur *coignassier*, elles poussent mieux et fructifient davantage; pourquoi cela? Parce qu'en effet vos *variétés* nouvelles ont certainement la vigueur du jeune âge; mais attendez un peu. Dans les premiers ans, les *poiriers* viendront bien dans le terrain épuisé dont nous parlons; *un peu plus tard*, vous les verrez s'arrêter et végéter plus faiblement. Il ne faudrait donc pas dire alors que, parce que des *variétés* nouvelles ont montré plus de vigueur que quelques *variétés* anciennes, c'est toujours à cause de leur nouveauté.

Je le répète, greffé sur franc et taillé en quenouille, le *bezy de Chaumontel* produit abondamment chez moi, et toutes les années j'ai du fruit sur ces arbres, quoique ailleurs, sur d'autres variétés, on voie les poires manquer, car, on le sait, ce fruit est fécond ; dans quelques localités, il donne même de *très-gros fruits*. Mais disons-le enfin, Van-Mons, tome II, p. 65, mentionne le *Chaumontel* parmi les variétés encore *saines*; le *rousselet de Rheims*, le

doyenné gris, la *sylvange, le besy de Lamothe,*
y sont compris. On a donc eu tort de s'élever
contre la première de ces poires.

Est-ce le *Saint-Germain,* poire très-
ancienne, que vous prendrez pour comparaison? Vous dites qu'il est sujet à se chan-
crer, que les fruits se tachent, se gercent.
Cela est bien vrai; mais c'est dans quelques
localités seulement où le sol est, ainsi qu'en
Bresse, très-impropre aux fruits d'hiver;
allez donc demander aux jardiniers des
autres parties de la France, et à Paris surtout, si le *Saint-Germain* n'y est pas dans
toute sa perfection! Ainsi, encore une fois,
il ne faut pas attribuer à l'âge de l'arbre
un fait qui ne provient que des conditions
vicieuses dans lesquelles nous le plaçons
d'ordinaire.

Le *besy de Chaumontel* a été trouvé à l'état
de nature dans un bois; mais je ne vois là
qu'une *variété* et non une *espèce;* pour moi,
je ne reconnais qu'une seule espèce de
poirier type, c'est le *poirier sauvage.* Et
quand il arriverait, ce qui n'est pas très-

certain, que la variété *Chaumontel* tend à s'éteindre, je n'en serai pas étonné du tout, car cela rentrerait dans la thèse que je soutiens. Mais dites-moi si le *poirier sauvage*, au fruit amer, couvert d'épines, n'est pas toujours cet arbre primitif, se perpétuant de même depuis qu'il a été créé? Remarquez aussi que cet arbre drageonne, ce que nos variétés ne font pas : elles en diffèrent donc beaucoup. Le *franc* ne trace pas non plus ou du moins très-peu. L'espèce *poirier* ne disparait pas plus du sol que le *chêne* ou le *sapin;* ces arbres, aussi *vieux* les uns que les autres, continuent à montrer la même force de reproduction que par le passé. Les espèces forestières ne s'éteignent pas; pourquoi les autres arbres disparaîtraient-ils? Le monde est bien vieux, et depuis que le roulement de reproduction s'opère, nous voyons toujours les mêmes végétaux : l'homme seul les détruit. Mais le *bon-chrétien* d'hiver, qu'on vante encore dans les catalogues et dans le *Bon Jardinier,* aurait été connu des Romains. Si le fait était aussi vérifié qu'on le suppose, quel argument n'aurions-nous pas là pour démontrer la longévité des variétés. (Voir *Revue horticole, Bon Jardinier*, 1829, p. 72.)

Mais, je l'ai dit, l'homme crée des variétés; elles sont sujettes à disparaître par le défaut des mêmes soins qui les ont produites. La nature a fait des *espèces*, et elles persistent toutes! Les espèces ont de l'analogie entre elles, et si une seule finissait, on pourrait dire sans doute que les autres sont sujettes au même sort. Loin de là; qu'on songe aux *espèces* d'arbres signalés depuis une foule de siècles, et qu'on dise si ces mêmes arbres ne se retrouvent pas encore aujourd'hui dans les lieux primitifs où on les a vus. Mais il importe de dire un mot de la prétendue disparition des variétés. On a remarqué que je ne rejette pas du tout l'idée que les variétés peuvent s'éteindre ou dégénérer : c'est peut-être en partie à ce dernier vice qu'il faut attribuer leur disparition, car les trouvant mauvaises, on ne les cultive plus; c'est ce que nous faisons chaque jour même pour des variétés peu anciennes. Pourquoi? Parce que, dans nos jardins, elles viennent mal : c'est la faute du sol ou du climat, et voilà tout. Je trouve qu'on exagère beaucoup les causes de cette disparition qu'on doit, je le répète, attribuer à d'autres motifs qu'à l'âge seulement !

On nous dit que Pline ne put retrouver les espèces de fruits et de raisins, décrites par Caton ; Columelle se lamente sur la stérilité et la dégénérescence des vignes qui produisaient d'excellens vins du temps de ce même Caton ; qu'Olivier de Serres ne sait où prendre les espèces de Pline et de Palladius ; qu'aujourd'hui, en outre, les variétés de fruits cultivées à l'époque où écrivait de Serres, existent à peine pour une partie !

Tous ces faits peuvent être avoués, sans qu'on reconnaisse pour cela que les variétés ont disparu par vétusté. En effet, c'est l'abandon de l'homme qui est évidemment la cause première de cette disparition.

Les vignes dont parlent Pline et Columelle ont cessé d'exister, ou sont devenues stériles par défaut de culture. Abandonnez à lui-même, c'est-à-dire sans soins, un arbre à fruit, et vous pourrez être assuré qu'il sera bientôt stérile ou qu'il ne produira que des fruits mauvais: ce sera là une variété qui retourne à son premier état. Quant aux fruits qu'on ne retrouve plus, n'est-il pas évident que le goût des amateurs qui suivent la mode, se sera porté sur les variétés nouvelles qu'on annonçait, sans doute, avec emphase, il y a cent ans tout comme de nos jours on le voit faire? Puis, ne sait-on pas que le même fruit est bon ici et très-médiocre là ; ce qui porte les personnes qui ont à s'en plaindre à l'abandonner ! Ce n'est pas autrement que peu à peu les anciens fruits s'en vont. Par exemple, le *bon-chrétien* d'hiver était jadis très-vanté ; dans quelques localités, il l'est encore ; dans les endroits chauds et placés au midi, il acquiert ses bonnes qualités. Mais en Bresse, il est très-grossier, sans sucs et graveleux.

J'ajoute que je ne le vois plus cultivé autour de moi. Ajoutons que planter toujours à la même place et dans le même terrain des poiriers qui y meurent l'un après l'autre, c'est chercher à les voir périr à leur tour : cela n'a lieu que trop souvent. Alors on se plaint de l'espèce de fruit ; on l'abandonne quoiqu'elle soit toujours très-méritante ailleurs, puis on recherche les nouveautés. Tout nouveau, tout beau, dit un ancien proverbe plein de portée. L'application peut s'en faire ici : que de fois ne sommes-nous pas séduits par de fausses annonces !

Quand on rappelle que Pline, Columelle, de Serres et d'autres modernes, ne retrouvent plus les variétés de fruit cultivées avant eux, ce n'est point, parce que, épuisées par l'âge, elles ont nécessairement disparu du sol qui les avait accidentellement vu naître ; mais parce qu'elles ont été abandonnées pour de nouvelles. Qu'on fasse un retour sur le passé, en examinant comment nous procédons nous-mêmes, et je suis certain que l'on reconnaîtra que les choses sont comme je viens de le dire.

Du reste, une bonne synonymie des fruits nouveaux nous manque; et il est évident que d'anciens fruits qu'on croit éteints existent encore sous d'autres dénominations. L'expérience de chaque jour le démontre clairement. Ainsi, on nous donnait comme une nouveauté le beurré-piquery, qui n'est autre que l'ancienne poire urbaniste.

Mais on insiste et l'on dit: « Les calvilles blanches, les calvilles rouges, les beurrés, ne donnent plus que des arbres petits, délicats et maladifs (1). » Je ne comprends pas bien cette phrase; d'abord, parce qu'il n'est pas exact de dire que les fruits susnommés ne *donnent* que des arbres petits, etc.; le fait dépendra du cultivateur; s'il greffe sur paradis, les ar-

(1) C'est en 1817 qu'on écrivait cela, et depuis lors, nous mangeons toujours force belles calvilles rouges et blanches !....

bres seront petits, en effet; si, au contraire, on les greffe sur franc ou sur sauvageon, on verra de très-beaux arbres. Ce ne sont donc pas ces fruits qui donnent de beaux arbres, c'est le *sujet* qui les produit.

Mais il est surtout mal vérifié que ces fruits, même sur paradis, ne produisent que des arbres maladifs. Ici, la même observation que j'ai faite pour les poiriers plantés dans un sol épuisé, s'applique; et pour couper court à une discussion qui me paraît stérile, j'avance que les calvilles rouges, les blanches et le beurré gris, viennent très-bien dans beaucoup d'endroits que je connais, et qu'il en est de même *chez moi:* les deux premières sur paradis et mieux encore sur franc; le dernier fruit sur franc également. Il vient souffrant et mal sur coignassier dans quelques vieux jardins, mais non dans un sol neuf et riche. Je n'ai pas besoin de citer des noms propres d'amateurs chez qui ces faits pourraient être établis; chacun a l'exemple à sa portée, et je le vois très-commun. Quelques exceptions ne détruisent pas une règle, et encore faudrait-il être bien fixé sur les causes qui ont amené ces mêmes exceptions.

Je termine par quelques citations. J'ai entendu dire, il y a trente ans, par des hommes de soixante-dix ans, qui donnaient leur opinion sur le choix des poiriers : *Plante cent poiriers, plante cent colmars.* Il en résulte pour moi, que le Colmar est un fruit très-ancien ; car, pour qu'un proverbe s'établisse, il faut du temps, et celui-ci en a mis à se former. Si le Colmar est très-ancien, s'il existe encore dans les jardins, il n'a donc pas dégénéré ? Il ne s'est donc pas affaibli ? En effet, le Colmar ou *poire manne* est un excellent fruit. Il est peu répandu, je le sais : d'où cela provient-il, puisqu'il est toujours aussi bon ? Cela provient de ce que les nouveautés le font oublier. Dans quelques années, s'il disparait absolument, je ne l'attribuerai qu'à cette cause, et non au temps qui l'aura épuisé ou affaibli. *Van Mons* cepen-

dant le mal au nombre des fruits sans saveur et qui, avec le beurré gris, le St-
Germain, *désornent* un jardin ; il a tort.

Enfin, je prends au hasard un exemple :
nous trouvons encore dans nos jardins des
fruits cultivés il y a 250 ans ; et cependant
il y en a de très-renommés, datant de la
même époque, qu'on ne retrouve plus. Il
faut en conclure que puisque de bons fruits
ne se retrouvent plus dans le commerce,
quoique leurs analogues contemporains y
soient encore, c'est parce que les jardiniers
ne les ont pas perpétués.

Ainsi, un auteur (1) qui vivait du temps
de la Quintinie, nous dit dans un ouvrage
qu'il lui dédia, qu'en 1599 « les meilleurs
« fruits et qui sont le plus en estime, ce sont
« bons chrétiens d'esté et d'hyver, le mus-
« cat hatif gros et petit. Le *portail*, l'*ama-*
« *dote*, les bergamotte d'automne et d'hy-
« ver ; le *St - Lézin*, la double - fleur, le

____

(1) Jean Laurent, *Abrégé pour les arbres nains.*
Paris, 1599. (Notre bibliothèque.)

« bezy d'hery, les beurrés de deux sortes,
« les messire Jean gris et doré, le figué,
« le *rille*, les mouille-bouche, le cuisse-
« madame, les oignons musqués, le *ron-*
« *ville*, les oranges de diverses sortes, le
« caillot rozat, le *rolland*, la verte-longue
« les rousselets, la virgouleuse, etc.... »
Il cite ailleurs la *grosse queue* d'hiver, la
dame houdette, le *fresmont*, les gros et petit
trouvé.

L'auteur dit ensuite qu'il faut greffer dix
fois autant de bons chrétiens d'hiver que
d'autres arbres, puisqu'il les regarde comme les meilleurs fruits sans contestation.
Mais ce fruit si vanté est détestable en
Bresse ; et je connais des contrées, mieux
favorisées cependant pour le sol, où on ne
cultive plus le bon chrétien ; il est certes
bien loin de celui d'été.

Jean Laurent rappelle des fruits que nous
ne saurions où trouver, et cependant ils
étaient très-bons. Ainsi, les poires *portail,*
rille, rouville, rolland, ne sont plus sur
les catalogues, et nous y trouvons pour-

tant les autres poires nommés par l'auteur.

Je vais examiner maintenant la seconde proposition. Les végétaux offrent-ils de nouvelles espèces qui surgissent tout-à-coup? Nulle part encore je n'ai vu mentionner par les naturalistes de semblables acquisitions ! On peut découvrir des plantes inconnues, mais non des plantes qui, pour la première fois, viennent de se montrer. On rencontrera sur divers points des végétaux des localités voisines; on en trouvera qui auront poussé sans être apportés par l'homme dans des lieux infertiles jusque-là, parce que la végétation y était impossible, et qui seront plus tard devenus productifs par l'humus roulé avec les eaux ou par toute autre cause ; mais ce sera des espèces préexistantes ailleurs et que la nature aura semées à sa manière, c'est-à-dire avec les moyens qui sont à sa disposition. Ainsi les graines auront été roulées par les eaux, transportées par les vents, par les oiseaux, par les poissons même, à l'aide de leurs excrémens; en un mot, par un de ces mille secrets que la nature nous dérobe, mais dont elle use tous les jours. Ne voyons-nous pas à chaque instant germer, dans les fientes d'animaux, des graines non triturées et qui, à l'aide des sucs alcalins qui les environnent, poussent avec vigueur là où on était loin de les supposer? Croit-on que les oiseaux digèrent les baies qu'ils avalent? Non; ces baies très-dures sont au contraire disposées pour mieux germer par le commencement d'altération qu'elles ont subi dans le gesier des volatiles.

Rien ne nous démontre donc que de nouvelles *espèces* végétales apparaissent dans la nature; des variétés se font voir quelquefois, mais ce ne sont que des hybrides produits artificiellement par le mélange des étamines de plantes analogues. Cette expérience n'est que le produit en petit de ce que l'homme fait lui-même tous les jours en grand, en croisant les races d'animaux ou les espèces végétales qui, en changeant de climat, ont varié. Mais ces produits n'ont qu'une durée éphémère et ne se per-

pétuent pas sans soins. La greffe, j'en conviens, assure très-bien les succès obtenus ;
mais il n'en est pas moins vrai que c'est
un moyen artificiel qui ne dure qu'autant
qu'on le maintient, et que les fruits ou les
légumes *améliorés* retournent promptement
à l'état sauvage dès qu'ils ne se trouvent
plus dans un bon terrain, ou qu'on les
cultive mal (1).

« La nature, dit Cuvier, a soin d'empêcher l'altération des espèces qui pourrait
résulter de leur mélange, par l'aversion
mutuelle qu'elle leur a donnée.

« Il faut toutes les ruses, toute la puissance de l'homme pour faire contracter ces
unions même aux espèces qui se ressemblent le plus ; et quand les *produits* sont
féconds, ce qui est très-rare, leur fécondité ne va point au-delà de quelques générations, et n'aurait probablement pas lieu,

(1) Rosier, *Cours complet d'agriculture*, au mot
espèce.

5

sans la continuation des soins qui l'ont excitée (1). »

Le savant Van-Mons, parlant des espèces types de poiriers et pommiers qui restent toujours les mêmes, malgré les semis successifs, ajoute : « Il n'y a pas d'ailleurs de variations dans la nature, où le croisement est sans exemple. Que deviendrait la pureté des espèces si elle pouvait avoir lieu (2) ? »

Ainsi, des *espèces* nouvelles ne se montrent pas ; et si nous voyons subitement apparaître des *champignons*, des *lichens*, des *mousses* ou des *bissus*, là où la veille nous ne remarquions rien, c'est parce que les endroits où les corps sur lesquels ces *végétaux imparfaits* prennent naissance, se sont trouvés disposés pour les faire naître et pour développer leurs germes qui y séjournaient à l'avance, attendant le moment favorable pour végéter. J'avoue qu'ici on peut voir une production spontanée.

(1) Cuvier, *Fossiles.*
(2) *Revue horticole,* Bon Jardinier. 1829.

Un phénomène très-simple, mais auquel on fait peu d'attention, vint un jour frapper mes regards. J'avais arraché, avant l'hiver, des touffes de groseiller à grappes, et je les avais laissées sur terre à toutes les intempéries. La nature qui ne perd pas son temps y avait fait pousser partout une couche de charmante mousse fine et d'un vert tendre ; elle s'était développée aux dépens du végétal qui contenait un reste de sève et qui n'avait pas assez de vigueur pour résister à l'invasion de ce parasite gourmand. Dans l'harmonie de la nature, cette mousse est un coup de pinceau de plus ; elle croît en hiver, comme on sait ; au lieu de tiges sèches et désormais condamnées à la décomposition, la nature nous donne pour égayer nos regards, ces mousses au velours vert, de nuances changeantes et douces !

Puisque je touche à ce côté pittoresque de l'histoire naturelle, j'ajouterai un mot. Je veux rappeler que nous ne réfléchissons pas assez à ce qui se passe devant nous.

L'hiver est triste ; il succède au plus

beau spectacle végétal des autres saisons ;
mais le temps des frimats, au travers de
sa robe funèbre, nous laisse entrevoir encore quelques harmonies très-saillantes :
ainsi, nous avons différentes couleurs sur
le sol, dans les herbes. Les buissons nous
offrent le genièvre, le houx, l'ajonc dont
le feuillage vert persiste et tranche encore
avec les tiges des arbrisseaux, des arbres,
lesquelles, bien que dépouillées, sont nuan-
cées à l'infini et charment encore nos yeux,
quand nous les promenons avec attention
sur les champs. N'y a-t-il pas là, dans cette
saison morte, encore de la vie et de l'harmonie qui lui enlèvent la sauvagerie et le
noir sombre que le deuil de la nature répand autour de nous !

XII. — ANTIPATHIE DES VÉGÉTAUX.

Nous nous sommes appliqué dans ces
études rapides à discourir sur la perfection de certains végétaux, qui nous ont
semblé réunir un instinct naturel très-
prononcé. Toutefois, quel que soit notre

étonnement des beaux phénomènes qui en résultent, nous ne voulons pas laisser croire que notre intention est d'admettre une sorte de *sentiment* dans ces plantes exceptionnelles. Mais on nous accordera qu'il y a bien quelque chose qui y ressemble ; qu'on le nomme comme on voudra, nous dirons toujours qu'ils opèrent pour nous la liaison des genres végétal et animal. Nous avons cité les zoophytes ; les conferves marines, chez lesquelles un naturaliste a reconnu la présence de monades qui animent ces gelées végétales et animales tout à la fois, n'est-ce pas là une première transition ?

Mais si les phénomènes vitaux, remarqués dans certains végétaux, nous déterminent déjà à leur accorder une sorte d'instinct, que dirons-nous à l'aspect des antipathies profondes que quelques-uns savent aussi manifester, quand ceux-ci fuient l'eau qui les tue ; quand ceux-là la vont rechercher au contraire pour en vivre ! Quand les fibres de la racine se dirigent constamment vers la nourriture la plus convenable et vont la trouver à de grandes distances ; lorsque les fleurs se ferment à l'approche de la pluie ; lorsqu'une plante, dominée par une invincible antipathie, refuse de croître à côté d'autres végétaux ; lorsqu'une tige grimpante néglige et semble avoir horreur de s'appuyer sur certains arbres, tandis qu'elle va au loin chercher celui qui lui convient, pourrons-nous ne pas être plus fortement convaincus que ces végétaux occupent un rang plus élévé dans l'ordre de la nature et dans leur propre genre !

Pline et Olivier de Serres nous montrent le concombre aimant l'eau, se recourbant pour s'en rapprocher, et, au contraire, se retournant pour fuir l'huile qu'on a mise près de lui. Les racines du poireau ont aussi une odeur très-forte qui fait que d'autres plantes qui le remplacent périssent si elles ne peuvent s'en éloigner.

Que notre esprit, toutefois, s'arrête là où il ne peut pénétrer ; ne nions point ces belles facultés des végétaux ; admirons-les au contraire. Mais pour les regarder comme formés d'une matière animale, attendons que les connaissances de l'homme soient plus complètes, si toutefois il lui est donné de pénétrer plus avant dans ces mystères.

XIII. — UTILITÉ DES VÉGÉTAUX.

On a trop flatté l'homme avec cette idée fausse que toute la nature a été faite pour lui seul. Il s'est accoutumé peu à peu à envisager toute la création comme une chose indifférente, regardant en pitié, pour ainsi dire, toutes les merveilles qui peuplent la terre.

Il a cru qu'il était au-dessous de lui de s'arrêter à la bête, la traitant comme une créature immonde !

Dans plusieurs contrées où l'esclavage domine, dans d'autres où la femme est méprisée, ces lois qui procèdent de l'aberration de l'esprit humain ne subsisteraient pas, si l'homme était plus instruit. Avec la science lui viendrait le coup d'œil observateur, le goût pour toutes choses ; et, avec ces notions acquises, devenant meilleur, il se laisserait aller à admirer tout ce qui l'entoure ; il serait plus humain et plus porté à se laisser fléchir par son admiration pour l'Auteur de la nature.

L'instruction véritable, aidée d'un esprit droit, tend à nous faire apercevoir combien nous sommes peu de chose et combien est grand celui qui nous a créés. Nous ne pourrons nous empêcher de nous écrier tous un jour :

Cœli enarrant Dei gloriam ;

pensée très-juste que le poète a rendue par ces beaux vers :

Les cieux instruisent la terre
A révérer leur Auteur (1).

Non, tous ces mondes immenses, pareils au nôtre et habités sans doute, n'ont pas été créés pour amuser l'œil seulement par l'imposant spectacle de leur rotation ! Ce n'est point le complément d'un grand tout, opéré uniquement pour la satisfaction des habitans d'une partie aussi minime que la terre ! L'Auteur de la nature, qui a voulu se complaire peut-être dans les chefs-d'œuvre sortis de ses mains, a répandu dans l'espace toutes ces merveilles dont il est comme inondé ! En un mot, Dieu a créé pour lui et non pour nous, telle est l'opinion que nous devons en avoir ! Serait-ce pour une aussi faible partie que la terre, que le Créateur aurait pris la peine de faire tout le reste !

(1) Rousseau (J.-B.), *Ode II*, liv. I".

En portant avec plus d'humilité nos regards sur le sol, nous apprécierions mieux le but de la création. Là, sont pour nous des enseignemens profonds. Si nous considérons le règne végétal, nous voyons aussitôt que l'herbe, en général, est la pâture des ruminans, que beaucoup de plantes, civilisées par nous et introduites dans nos jardins, faisaient partie naguère du lot attribué aux quadrupèdes. Plusieurs bipèdes, tels que les oiseaux aquatiques se nourrissent aussi d'herbes : ainsi, déjà les végétaux ne sont pas faits uniquement pour l'homme.

Il y a même, nous devons le dire, divers quadrupèdes féroces qui se nourrissent aussi de végétaux et de racines : *l'ours* est de ce nombre.

Parmi les poissons et les quadrupèdes, dont plusieurs nous alimentent, il en est beaucoup qui se mangent entre eux, et que nous ne détruisons pas parce qu'ils sont immangeables, ce qui démontre encore qu'une partie seulement des animaux a dû être créée pour nous. Après tout, nous ne sommes pas plus des êtres privilégiés que ceux qui vivent autour de nous, et qui subsistent comme nous aux dépens de plus faibles qu'eux.

Les animaux féroces pullulent moins que

les troupeaux de gazelles, qui sont très-nombreux dans les zones torrides ; si l'inverse eût existé, la création animale eût fini par disparaitre, du petit au grand, le fort absorbant le faible, ce n'est que trop vrai ; les grands végétaux absorbent ou étouffent les plus petits ! quand les forêts s'avancent dans les prairies, l'herbe qui s'y trouve s'éteint ; d'autres plantes qui ont été constituées pour vivre dans les bois leur succèdent immédiatement : voilà pourquoi les plantes faibles se sèment par l'air, à l'aide de leurs aigrettes soyeuses ; voilà pourquoi d'autres aussi ont des capsules élastiques qui répandent leurs semences chaque année à quelques pas de la tige mère, imitant ainsi le saut de l'insecte qui fuit un ennemi.

C'est aussi pour cela que le lièvre, qui n'a pas de défenses propres, est si rusé ; sans cette dernière ressource que lui donna la nature et sans la vitesse de ses jambes, pourrait-il échapper à une complète destruction ? Le renard, qui le recherche avec avidité, a dû être plus rusé que lui, afin de pouvoir le surprendre ; car quoiqu'il lance et mène le lièvre comme ferait un chien de chasse, il est évident qu'il échoue dans sa poursuite, parce que son nez ne se trouve pas assez fin et ses jambes assez fortes pour pouvoir le forcer ; aussi s'efforce-t-il de le surprendre au gîte ; et remarquons bien que si le renard, avec l'adresse qu'il a déjà , eût obtenu encore la perfection du chien , il eût produit un grand désordre dans la nature ! Ce qui manque à l'un dans l'ordre des animaux , est dispensé à l'autre ; et chacun dans sa sphère vit et se meut , suivant les règles tracées à l'avance par le Créateur.

L'oiseau qui est faible aussi en compa raison des chats de toute espèce, grands et petits (et je parle ici du chat domestique et du tigre) , succomberait sans ses ailes d'abord , mais sans son œil et son ouïe qui sont d'une très-grande finesse !

La ruse n'est pas l'attribut des êtres faibles tout seuls , j'en conviens, mais si quelques grands quadrudèpes féroces, tels que le lion, le léopard, n'en eussent pas été doués, ils parviendraient avec peine à saisir leur proie à la course. Celle-ci, en effet, faible et sans défense personnelle , n'a recours qu'à la promptitude de ses jambes pour éviter d'être saisie. Le cerf, l'élan, le chevreuil, le daim, la gazelle, les chèvres, pâture ordinaire des bêtes féroces, n'ont pas d'autre défense. — La race bovine, bien moins légère que ces quadrupèdes, a de puissantes cornes et possède des forces très-grandes pour résister aux attaques de ses ennemis. Mais si cette race, par suite de ces moyens de salut, se perpétuait trop, de même que les autres quadrupèdes faibles que je viens de nommer, l'équilibre serait rompu dans la nature et le faible pourrait finir par affamer le fort; on a pu le remarquer, c'est l'inverse qui existe. Aussi, l'animal carnassier, qui a de la peine à saisir les animaux adultes, se jette sur le croît du troupeau; ce qui, dans des proportions suffisantes, arrête l'accroissement des espèces et empêche que l'un ou l'autre ne domine trop.

Voilà des idées très-simples, ce nous semble; elles le sont du moins pour l'homme qui réfléchit un peu. Il est utile de les rappeler à la masse, car si nous connaissions mieux la nature, je le répéterai toujours, nous vaudrions beaucoup mieux.

Je l'ai rappelé, partout il semble que le plus faible soit absorbé par le plus fort. Ce qui se dit au sens propre pour les animaux et pour les végétaux même, s'applique moralement à l'espèce humaine. Je l'établirai dans ma *cinquième* partie.

Je pourrais m'étendre sur la nature des végétaux considérés comme *simples*, et certes, ce chapitre serait aussi intéressant qu'utile; mais il est plus spécialement dans les attributions de la médecine, et je ne veux pas, en ce moment du moins, empiéter sur ses droits. Sous le rapport économique, les plantes sont un puissant auxiliaire de l'homme. Nous avons su les employer dans les arts et dans nos ménages. Ils ont bien été faits pour nous, j'en conviens, mais pas uniquement pour nous, c'est tout ce que je soutiens.

Je dirai quelques mots pour faire ressortir les conquêtes de l'homme sur le règne végétal, en tant que nourriture, et, sans doute, j'exciterai plus d'un étonnement en remontant à la source de nos plantes potagères.

Le sol et le climat déterminent dans les vertus constitutives des fruits ou des plantes, des qualités bonnes ou nuisibles. Ainsi le *persil,* qui est d'une ressource aussi grande pour assaisonner nos alimens, serait dangereux à l'état sauvage ; cultivé dans un terrain doux, en changeant de nature, il est devenu bienfaisant.

La *pêche,* originaire de Perse, est un poison dans son pays natal ; chez nous, elle fait les délices de nos tables ; ce fruit a aussi été trouvé par Michaux fils à l'état sauvage en Amérique. Van-Mons le dit originaire de l'Europe méridionale ; il croit que la *pêche sauvage* d'Amérique pourrait être une sous-variété de celle d'Europe (tom. II, page 17). Le melon, dans son pays natal, n'est qu'un concombre. Ce fruit, qui est le type de nos melons originaires de l'Asie, a été vu par Tournefort en Arménie ; notre culture en a fait un légume si parfait que nous l'avons nommé fruit.

Le *panais*, grossière racine blanche, que nous cultivons pour assaisonner le pot au feu, et dont le goût approche de celui du céléri, croit près de nous à l'état de nature; il inonde quelques localités où on ne peut le détruire. La *carotte* sauvage, semée dans nos jardins, y produit bientôt de belles racines, tendres, sucrées. Le *salsifis*, qui devient si grand et si beau par nos soins, dresse ses tiges dans nos prés, en balançant ses corolles jaunes ; là, les enfans se le disputent au printemps pour sucer le lait qui sort de ses tiges rompues; en un mot, la culture améliore toutes les plantes; les semis donnent des variétés qui souvent sont préférables aux espèces primitives; et voilà comment nous sommes parvenus à posséder tant de sortes de laitues, de choux, de haricots.

Mais il est bon qu'on sache que la meilleure graine de la meilleure plante ne conserve ses bonnes qualités qu'autant que le terrain lui convient et que les arrosemens et les engrais lui sont prodigués à propos. Rien ne dégénère aussi promptement qu'un légume *amélioré*, s'il est négligé dans sa culture. Ainsi, les plantes à racines pivotantes, comme la scorsonère, le salsifis, la carotte, etc., deviendront fourchues, chargées de chevelu, seront dures et coriaces, si elles ne sont pas bien fumées et tenues en terre légère, profonde, et arrosée.

Les laitues y contracteront une amertume repoussante; et peu à peu, si nous abandonnions tous les soins que nous donnons aux plantes potagères, elles deviendraient sauvages comme auparavant. Il en est de même des plantes ou des arbres à fruits.

La connaissance de cette culture constitue l'art du jardinage. C'est l'un des plus importans et celui qui procure les jouissances les plus directes et les plus sûres.

Ainsi, les végétaux nous sont d'une utilité générale. Les animaux s'en disputent la possession avec l'homme; mais la nature est si vaste, que nous ne devons voir là que l'enchaînement tout simple d'une harmonie naturelle; car il y en a bien pour tous.

XIV. — RÉSUMÉ.

Dans ces esquisses rapides, à l'aide desquelles mon but était de démontrer la perfection de certains végétaux, perfection dont je m'empare pour établir leur instinct d'abord , ensuite pour arriver à soutenir que ces mêmes végétaux parfaits passent insensiblement à une organisation qui les rapproche de l'animal, j'ai dû m'étendre sur quelques points qui ne rentrent pas complètement dans mon sujet.

Mais j'ai pensé que ces considérations sur l'histoire naturelle, destinées à des lecteurs peu versés dans son étude, demandaient à être accompagnées de détails propres à faire comprendre et apprécier mieux l'ordre admirable de la création. En reportant ainsi les regards de chacun sur des phénomènes grands et curieux, beaucoup trop ignorés, j'ai voulu me rendre utile.

Je me suis étendu plus longuement sur quelques chapitres : c'est quand la matière m'a paru l'exiger. Ainsi, au dixième, j'ai dû , pour réfuter une thèse que je regarde avec beaucoup de praticiens avec lesquels j'ai conversé, comme insoutenable, entrer dans quelques développemens.

Dans la suite de ces *Etudes*, j'aurai occasion de citer des faits intéressans sur les animaux ; rien n'est aussi attrayant, aussi instructif, suivant moi, que de pouvoir les comprendre et apprécier leur vie. C'est une source intarissable d'observation qui récrée l'esprit en l'éclairant, et surtout c'est un moyen sûr d'apprécier toute la beauté de la création.

Ce que j'appelle instinct dans les êtres organisés sera très - facile à reconnaître parmi eux, et va me fournir un grand nombre d'observations intéressantes. Je les emprunterai pour la plupart aux auteurs anciens et modernes; mais j'en ai par devers moi un bon nombre que je m'empresserai de soumettre au lecteur.

Cet *instinct* n'est pas aussi apparent dans les plantes, c'est qu'elles sont moins favorisées du côté de l'organisation : est-ce à dire qu'elles n'en ont point ? Je ne le crois pas, et c'est ce que je me suis efforcé d'établir. Je le répète, tout se lie dans la nature ; son Auteur a procédé de même dans toutes choses : ainsi, les plantes doivent avoir leur degré d'attribution *instinctive* dans le grand tout du monde !

A. S.

TABLE.

Bourg, imprimerie de Milliet-Bottier.